Samarth Ramanbhai Patel
R. S. Fougat

A ciência inexplorada da cultura do feijão-caupi na região do Médio Gujarat

Samarth Ramanbhai Patel
R. S. Fougat

A ciência inexplorada da cultura do feijão-caupi na região do Médio Gujarat

Avaliação de genes em Cyamopsis tetragonoloba L. sob condições de stress de seca

ScienciaScripts

Cover image: www.ingimage.com

This book is a translation from the original published under ISBN 978-620-7-47499-8.

Publisher:
Sciencia Scripts
is a trademark of
Dodo Books Indian Ocean Ltd. and OmniScriptum S.R.L publishing group

120 High Road, East Finchley, London, N2 9ED, United Kingdom
Str. Armeneasca 28/1, office 1, Chisinau MD-2012, Republic of Moldova, Europe
Managing Directors: Ieva Konstantinova, Victoria Ursu
info@omniscriptum.com

Printed at: see last page
ISBN: 978-620-8-52068-7

Conteúdo

RESUMO 2
RECONHECIMENTO 4
1 INTRODUÇÃO 6
2 REVISÃO DA LITERATURA 9
3 MATERIAIS E MÉTODOS 26
4 RESULTADOS E DISCUSSÃO 39
5 RESUMO E CONCLUSÕES 79
REFERÊNCIAS 83

RESUMO

O feijão-caupi é designado botanicamente por *Cyamopsis tetragonoloba* L. (Taub.) e pertence à família Leguminosae (Fabaceae). Trata-se de uma leguminosa anual autopolinizada. O guar é uma das mais importantes e potenciais culturas hortícolas e industriais, cultivada pelas suas vagens tenras para fins hortícolas e sementes para goma de galactomanano endospérmico. A África tropical é o seu provável centro de origem, uma vez que se verificou a ocorrência de espécies selvagens nessa região. Devido ao seu sistema de raízes profundas, esta leguminosa de curta duração, resistente à seca, está extremamente adaptada ao ambiente inóspito das regiões de sequeiro. A seca é o fator abiótico mais importante que limita o crescimento e, por conseguinte, afecta negativamente o rendimento. A presente investigação foi realizada com o objetivo de estudar a avaliação e a validação de genes de referência para estudos de expressão genética em feijão de cacho em genótipos susceptíveis e resistentes através de RT-PCR.

Foram selecionados genótipos com diferentes graus de sensibilidade ao stress hídrico, nomeadamente Pusa Navbahar e IC369860. O estudo foi conduzido com o objetivo de rastrear genes de manutenção sob stress de seca e também de estudar a expressão diferencial destes genes no feijão de cacho através de PCR em tempo real e de ferramentas de bioinformática.

Os parâmetros fisiológicos sugeriram que o peso seco das folhas, o teor relativo de água, o teor de clorofila, a área foliar e o número de estomas por unidade de área diminuíram significativamente em condições de stress em comparação com as condições de controlo em ambos os genótipos. No entanto, entre os genótipos, o IC369860 teve um efeito elevado de stress de seca em comparação com o Pusa Navbahar para todos os parâmetros fisiológicos. A concentração total de RNA variou de 338,74-2341,62 ng/µї. A partir do RNA total, a síntese de cDNA foi realizada para estudar a expressão gênica diferencial. Um total de 44 genes housekeeping foram adquiridos para o feijão cluster de diferentes fontes de pesquisa de leguminosas que já foram relatados, dentre eles os genes selecionados foram *EFla, EF1B, UBQ10, 18SrRNA, 25SrRNA, ACT1, ACT11, IF4a ADH3* e *LEC.*

O estudo da expressão génica revelou que, em situações de stress hídrico*, ACT1, ADH3* e *IF4a* apresentaram maior estabilidade no genótipo Pusa Navbahar. *O 25SrRNA* apresentou a expressão máxima em ambos os genótipos. Em resposta ao stress hídrico*, o 18SrRNA, o 25SrRNA* e *o LEC* expressam-se com uma maior alteração do nível de dobras no tecido radicular de Pusa Navbahar, enquanto *o ACT11* e *o ADH3* se expressam com uma maior alteração do nível de dobras no tecido foliar de IC369860.

A análise de clustergrama mostrou o padrão de expressão de similaridade através da análise de dendograma de cluster. O gráfico de dispersão comparou as amostras de controlo com o tratamento de seca de ambos os genótipos e o gráfico de vulcão analisou o valor P para a expressão genética. O estudo revelou ainda que, à exceção do *ACT1*, todos os nove genes de manutenção foram mais ou menos influenciados pelo stress da seca no feijão de cacho.

Cada stress abiótico é uma caraterística multigénica e, por conseguinte, a sua manipulação pode resultar na alteração de um grande número de genes, bem como dos seus produtos. Uma compreensão mais profunda dos factores de transcrição que regulam estes genes de manutenção, os produtos dos principais genes que respondem ao stress e a interação entre componentes de sinalização divergentes devem continuar a ser uma área de intensa atividade de investigação no futuro. Assim, o presente trabalho pode ser prosseguido através da sequenciação do genoma do feijão-caupi e da análise genómica comparativa para estudos aprofundados dos padrões de expressão diferencial dos genes de manutenção.

RECONHECIMENTO

O trabalho apresentado nesta tese não teria sido possível sem a minha estreita colaboração com muitas pessoas. Aproveito esta oportunidade para estender a minha sincera gratidão e apreço a todos aqueles que tornaram esta tese possível. É o momento certo para elogiar com a minha profunda etiqueta todos aqueles que, direta ou indiretamente, me ajudaram a realizar este trabalho, porque o trabalho de investigação e a sua documentação não podem ser um trabalho de uma só pessoa, é necessária a ajuda de todos os quadrantes da comunidade científica para nos mantermos actualizados. É difícil mencionar todos os que me ajudaram e, por isso, começo por exprimir a minha gratidão a todos os que generosamente me deram a sua ajuda.

Nesta vida curta e cheia de acontecimentos, surgem alguns momentos gloriosos que devem ser guardados num canto do coração para que eu possa descobrir o significado da vida recordando essas doces memórias.

O verdadeiro mérito pela materialização e configuração desta tese deve ser atribuído ao meu orientador principal, ***o Dr. R. S. Fougat****, Professor e Diretor do Departamento de Biotecnologia Agrícola da Universidade Agrícola de Anand, Anand, pela sua sugestão de um problema pertinente para o cenário científico atual, especialmente para a agricultura indiana, pela sua atitude atenta e magnânima, desde o primeiro dia, para compreender e analisar os obstáculos que qualquer investigador enfrentaria.*

Reconheço, com gratidão e apreço, a pronta assistência, o envolvimento e as sugestões críticas do meu orientador menor, ***Dr. Sneha Macwana,*** *Professor Associado, Departamento de Genética e Melhoramento de Plantas, A.A.U., Anand, e dos membros do meu comité consultivo,* ***Dr. Sushil Kumar,*** *Professor Assistente, Departamento de Biotecnologia Agrícola, A.A.U., Anand,* ***Dr. A. D. Kalola,*** *Professor Associado, Departamento de Estatística Agrícola, B. A. College of Agriculture, A.A.U., Anand. As suas críticas construtivas, sugestões valiosas e apoio esmagador para prosseguir o meu programa de investigação são profundamente reconhecidos, com o devido respeito.*

Também quero dar crédito pelo meu trabalho de investigação ao ***Dr. A. S. Thounojam****, Investigador Assistente, Centro de Processamento de Plantas e Medicinais, A.A.U., Anand,* ***Dr. G. B. Patil,*** *Professor Assistente, Centre of Advanced for Plant Tissue Culture,* ***Prof. A. A. Sakure****, Professor Assistente, Department of Agricultural Biotechnology A.A.U. e* ***Dr. Akarsh Parihar****, Professor Associado, Department of Agricultural Biotechnology A.A.U.* ***Dr. Mahesh Vaja,*** *Professor Assistente, Department of Agricultural Biotechnology A.A.U. e* ***Dr. Jigar Mistry****, Professor Assistente, Department of Agricultural Biotechnology A.A.U., Anand pela sua orientação e apoio moral. Ajudaram-me sempre que tive dificuldades ou questões relacionadas com o trabalho de investigação.*

Não tenho palavras para exprimir os meus sinceros agradecimentos ao ***Dr. N. C. Patel,*** *Hon'ble Vice-Chanceler, Anand Agricultural University, Anand, ao* ***Dr. K. B. Kathiria,*** *Diretor de Investigação e Decano de Estudos de P. G., A.A.U., Anand e ao* ***Dr. K. P. Patel,*** *Diretor e Decano, B. A. College of Agriculture, A.A.U., Anand, pela sua consciência dos valores académicos. Estou também grato às autoridades universitárias por me terem dado a oportunidade de prosseguir estudos superiores conducentes ao grau de M. Sc. (Agri.) como estudante.*

Os meus agradecimentos especiais vão também para o ***Dr. R. R. Acharya****, investigador, Main Vegetable Research Station, A.A.U., Anand e* ***Arjunbhai****, supervisor agrícola, M.V.R.S. farm, A.A.U., Anand, por terem dado todo o seu apoio à recolha do genótipo.*

Gostaria também de deixar registado o meu profundo sentimento de gratidão para com os meus superiores, ***Rutulbhai, Dr. Poonam, Dr. Monil, Himanshubhai, Tarikbhai, Dr. Maria, Dr. Dhara, Kinjaldi, Pitambaradi, Swatidi, Hinaldi e Ruchika Bharti****, os meus amigos*

Chandrakant, **Harshad, Shankar, Rumit, Kunjan e Ruchika Bharti. Dhara, Kinjaldi, Pitambaradi, Swatidi, Hinaldi e Ruchika Bharti**, aos meus amigos **Chandrakant, Harshad, Shankar, Rumit, Kunjan, Mahendra, Kunj, Lalji, Gaurang, Pradip, Ujjval** e **Abhishek** pelo seu apoio e pela sua ajuda no trabalho de investigação de carácter qualitativo.

Os meus agradecimentos especiais aos colegas de laboratório, **Swati Patel, Sagida Sherasiya, Hetal Patel, Dipanki Patel, Bhaveshbhai Padhiyar, Rajubhai, Kiranbhai, Mukeshbhai e Arvindbhai**, por estarem sempre ao meu lado e partilharem uma grande relação como amigos compassivos. Guardarei sempre com carinho o calor demonstrado por eles.

Gostaria de agradecer do fundo do coração a todos os **membros** do **pessoal** do Departamento de Biotecnologia Agrícola da Universidade Agrícola de Anand, Anand, pela sua perseverança, ajuda atempada, imenso amor e respeito, tanto pelos jovens como pelos idosos.

Finalmente, os meus agradecimentos são extensivos ao meu avô **Bavabhai** e à minha avó **Mangiben,** ao meu adorável pai **Shri. Ramanbhai, à** minha adorável mãe **Smt. Jyotiben, ao** meu irmão mais velho **Dr. Rohan**, à sua família e às minhas irmãs mais velhas **Dra. Rachana, Nikita** e a todos os membros da minha família, incluindo primos-irmãos, sobrinhas e sobrinhos, que têm sido os meus impulsionadores de energia em todas as fases felizes e frustrantes do meu período de estudo. Com todo o meu amor e respeito, dedico-lhes este trabalho.

Expresso o meu infinito sentido de gratidão à natureza e a Deus por me fornecerem continuamente energia, o que me inspirou a atingir a excelência máxima durante a minha carreira académica e a minha vida.

Local: Anand

Data : **(Samarth R. Patel)**

1 INTRODUÇÃO

A palavra "Guar" é derivada da palavra sânscrita "GAUAAHAR", que significa forragem para vacas ou forragem para animais vivos (Bhosle e Kothekar, 2010). O feijão-caupi é designado botanicamente por *Cyamopsis tetragonoloba* L. (Taub.) e pertence à família Leguminosae (Fabaceae) e à subfamília Papilionoideae. É uma leguminosa hortícola anual autopolinizada. Gillette (1958) dividiu o género em três espécies, nomeadamente *C. tetragonoloba, C. senegalensis* e *C. serrata*. O número de cromossomas diplóides das três espécies de Cyamopsis é 2n = 2x = 14.

O feijão-caupi é uma leguminosa resistente à seca e de estação quente. É cultivada principalmente para a produção de sementes, mas as vagens também são utilizadas como legume verde ou como alimento para o gado após a extração da goma de guar. A cultura do feijão-caupi pode ser cultivada em solos pobres e requer menos insumos agronómicos, sendo atualmente cultivada predominantemente nas regiões áridas do noroeste da Índia. Desenvolve-se bem em solos de textura ligeira, arenosos a franco-arenosos, que recebem 300-500 mm de precipitação anual. Cresce na vertical, atingindo uma altura de 2 a 3 metros. Tem um único caule principal com ramificações basais ou ramificações finas ao longo do caule. É uma planta robusta, arbustiva e semi-erecta. O guar tem um sistema radicular bem desenvolvido. Os caules e os ramos são angulosos, estriados, com pêlos bifurcados e, por vezes, glaucos (Kumar e Hissaria, 2009).

O guar tem um hábito de crescimento ramificado e não ramificado. Tem folhas trifolioladas, alternadas e pontiagudas, com pequenas flores roxas e brancas que nascem ao longo do eixo da espigueta. Tem vagens peludas em cachos de 4-12 cm de comprimento, cada vagem com 7 a 8 sementes (Anon., 2014).

O feijão de cacho é predominantemente autogâmico e produz feijões ou vagens em cachos, sendo por isso designado por feijão de cacho. A semente de cor cinzenta clara, cor-de-rosa e branca ou preta é constituída por 43-47% de gérmen, 35-42% de endosperma e 14-17% de casca (Goldstein e Alter, 1959).

O guar é um dos vegetais mais importantes e com maior potencial. No entanto, em todo o mundo, é cultivado principalmente pelas suas sementes. O endosperma das sementes contém goma de galactomanano (unidades de galactano e manano combinadas através de ligações glicosídicas) [30-35% de extração]. Na semente de feijão cluster, cerca de 90% (w/w) da porção do endosperma de forma esférica é depositada com goma galactomanana - um polissacárido sintetizado no aparelho de Golgi (Dhugga *et al.,* 2004). Em água fria, este polissacárido inodoro forma uma solução coloidal espessa. A goma de galactomanano tem um rácio controlado de (1:2) galactose para manose (Sandhu *et al.,* 2009). A goma é constituída por uma estrutura de manose com um grupo de galactose ligado a ela, que actua como reserva de glucose a ser utilizada pela semente durante a germinação. A goma de feijão de cacho tem utilizações diversificadas, como na indústria têxtil, refinação de minério/metal, indústria do papel, extração de carvão, perfuração de petróleo, cosmética e farmacêutica, fabrico de explosivos, purificação de potassa, tabaco e empresas alimentares (Punia *et al.,* 2009, Kuravadi *et al.*, 2013 e Kumar *et al.,* 2017).

As vagens tenras do feijão-caupi são nutricionalmente ricas em energia (16 Kcal), humidade (81%), proteínas (3,2 g), gordura (1,4 g), hidratos de carbono (10,8 g), vitamina A (65,3 UI), vitamina C (49 mg), cálcio (57 mg) e ferro (4,5 mg) por cada 100 g de porção comestível (Kumar e Singh, 2002).

Gillette (1958) indicou que a África tropical é o seu provável centro de origem, uma vez que se verificou a ocorrência de espécies selvagens nessa região. Devido ao seu sistema de enraizamento profundo, esta leguminosa de curta duração, resistente à seca, está extremamente adaptada ao ambiente inóspito das regiões de sequeiro. O feijão-caupi requer um clima razoavelmente quente e precipitação moderada para o seu crescimento, pelo que é cultivado principalmente como cultura comercial no subcontinente indiano (Índia e Paquistão). Embora numa área limitada, a cultura também é cultivada na Austrália, Bangladesh, Myanmar, EUA, África do Sul, Brasil, Congo e Sri Lanka (Boghara *et al.,* 2015). Devido ao aumento abrupto e inesperado da procura de guar e da sua goma nos últimos anos, o seu cultivo estendeu-se a regiões ricas em recursos como a região nordeste e a região sudoeste da Índia e a estações alternativas como o final da kharif, rabi e final do verão, sob gestão adequada (Kumar *et al.,* 2015).

A Índia é o maior produtor de guar e contribui com 80% da produção total de guar no mundo (Anon., 2014). A área e a produção de guar em Gujarat durante 2015-16 foi de 39203 ha e 397018,24 MT, respetivamente (Anon., 2016).

A cultura do guar é cultivada principalmente na época *da kharif.* A cultura é sobretudo cultivada nos habitats secos do Rajastão, Haryana, Gujarat e Punjab e, em menor escala, no Uttar Pradesh e no Madhya Pradesh. O Rajastão é um dos principais estados produtores de guar na Índia, seguido de Haryana e Gujarat, e com uma pequena contribuição dos estados de Uttar Pradesh, Punjab e Madhya Pradesh (Anon., 2014). Banaskantha, Ahemdabad, Anand, Kheda, Mehsana e Vadodra são os principais distritos de Gujarat onde o guar é cultivado (Anon., 2016).

A seca é o fator abiótico mais importante que limita o crescimento, o que, por sua vez, afecta negativamente a produção agrícola. Os stresses resultam em processos fisiológicos não normais que influenciam um ou uma combinação de processos biológicos. O stress pode levar a um metabolismo anormal e pode reduzir o crescimento ou mesmo levar à morte da planta. A produção é limitada por stresses ambientais como a seca. Apenas 10 por cento da terra arável do mundo está livre de stress. Em geral, um fator importante na diferença entre o rendimento e o desempenho potencial são as tensões ambientais (Fathi e Tari, 2016).

Atualmente, estão disponíveis sequências completas do genoma de cinco leguminosas, nomeadamente soja, *Lotus, Medicago*, feijão-frade e grão-de-bico (Sato *et al.*, 2008, Schmutz *et al.,* 2010, Young *et al.,* 2011, Varshney *et al.,* 2012 e 2013, Jain *et al.,* 2013). A sequenciação do genoma e a análise do transcriptoma do guar ainda não foram efectuadas. Apenas 16.476 ESTs de embriões de guar em desenvolvimento estão disponíveis na base de dados do Centro Nacional de Informação Biotecnológica (NCBI). Os programas de melhoramento em guar têm sido prejudicados devido à disponibilidade limitada de recursos genómicos nesta cultura (Tanwar *et al.*, 2017).

O estudo dos padrões de expressão dos genes é uma das pedras angulares da biologia molecular moderna. A análise da expressão génica tem permitido compreender processos biológicos complexos, aumentando a nossa compreensão das vias de sinalização e metabólicas subjacentes às respostas ambientais e ao desenvolvimento. A PCR em tempo real (PCR em tempo real) é atualmente o método padrão para a determinação precisa do perfil de expressão de um número moderado de genes selecionados, sendo as suas principais vantagens uma maior sensibilidade e especificidade e uma gama de quantificação mais ampla do que as técnicas moleculares anteriores (Van's Guilder *et al.*, 2008).

Os genes housekeeping são tipicamente genes constitutivos que são necessários para a manutenção da função celular básica e são expressos em todas as células de um organismo em condições normais e de stress porque codificam proteínas que são constantemente necessárias à célula. As proteínas codificadas por estes genes estão geralmente envolvidas nas funções básicas necessárias para o sustento ou manutenção da célula (Bustin, 2000 & 2002). A PCR em tempo real é amplamente utilizada para a quantificação dos níveis de ARNm e constitui uma ferramenta fundamental para a investigação fundamental, a medicina molecular e a biotecnologia. Os genes de referência são expressos numa grande variedade de tecidos e células com variações mínimas nos seus níveis de expressão, pelo que são utilizados para normalizar dados de quantificação de mRNA (Reboucas *et al.*, 2013).

Para obter resultados precisos e fiáveis da expressão genética, é necessário normalizar os dados da PCR em tempo real em relação a um gene de controlo, que apresenta uma expressão altamente uniforme nos organismos vivos durante várias fases de desenvolvimento e em diferentes condições ambientais. A RT-PCR foi reconhecida como um método exato e sensível para quantificar as transcrições de ARNm. O método permite a deteção da acumulação de amplicons, uma vez que é realizado utilizando sondas fluorogénicas ou corantes intercalantes, como o SYBR Green I, em vez da análise convencional do ponto final. Como não há necessidade de procedimentos pós-amplificação, por *exemplo,* eletroforese em gel ou Southern blotting (Bustin, 2000 & 2002).

Mais de 90% das análises de transcrição de ARN publicadas em revistas de grande impacto utilizaram apenas um gene de referência. Os genes de referência proeminentes que normalmente se expressam são *GAPDH, β-actina, 18S* e *28SrRNAs.* No entanto, várias publicações concordam com a conclusão de que a *β-actina* e *a GAPDH* variam consideravelmente na sua expressão e, consequentemente, são referências inadequadas para a análise da transcrição do ARN (Suzuki *et al.*, 2000).

Assim, tendo em conta a importância dos genes de manutenção, foram efectuados estudos de expressão de genes em condições de stress de seca no feijão-caupi com os seguintes...

Objectivos:

1) Padronização do protocolo de isolamento de RNA de genótipos de feijão de cacho
2) Rastreio de genes endógenos amplificáveis através de RT-PCR (Real time-PCR)
3) Identificação de genes expressos constitutivamente durante o stress hídrico em feijão de cacho através de RT-PCR (Real time-PCR)
4) Avaliação comparativa de genes expressos constitutivamente durante o stress hídrico entre genótipos

2 REVISÃO DA LITERATURA

As leguminosas, para além de serem um componente indispensável da dieta vegetariana, desempenham um papel vital na manutenção da produtividade do solo a longo prazo através da fixação biológica do azoto. O feijão-caupi contém proteínas, fibras, cálcio, potássio, fósforo, ferro e magnésio. Tal como outras leguminosas, é uma cultura fundamental em sistemas de produção baseados em cereais, porque apoia a gestão de ervas daninhas e enriquece o solo através da fixação de azoto. O feijão de cacho tem um maior valor económico e nutritivo; por conseguinte, está a ser dada muita ênfase ao aumento da sua área, produção e produtividade, o que só é possível através da utilização de sementes de qualidade de variedades de elevado rendimento não afectadas por diferentes condições de stress.

A seca é o principal fator de stress abiótico que causa grandes perdas na produção agrícola a nível mundial (Boyer, 1982). As alterações climáticas previstas podem conduzir a extremos de precipitação e a intensidades de seca à escala regional. No entanto, a diminuição da precipitação será generalizada na região subtropical, associada a temperaturas mais elevadas e ao aumento da evapotranspiração (Solomon *et al.*, 2007).

A população mundial está a aumentar a um ritmo alarmante e prevê-se que atinja cerca de seis mil milhões de pessoas até ao final do ano 2050. Por outro lado, a produtividade alimentar está a diminuir devido ao efeito de várias pressões abióticas, pelo que a minimização destas perdas é uma das principais preocupações de todas as nações para fazer face ao aumento das necessidades alimentares. A seca, a salinidade e o frio são alguns dos principais factores de stress que afectam negativamente o crescimento e a produtividade das plantas; por conseguinte, é importante desenvolver culturas tolerantes ao stress. Em geral, a salinidade e a seca exercem o seu efeito nocivo principalmente através da perturbação do equilíbrio iónico e osmótico da célula, enquanto a baixa temperatura resulta principalmente em restrições mecânicas. Em cada um destes stresses, tentámos abordar as questões que afectam significativamente a expressão genética em relação à fisiologia das plantas (Mahajan e Tuteja, 2005).

O stress de seca induz uma série de respostas morfológicas, fisiológicas, bioquímicas e moleculares, sendo a fotossíntese um dos principais alvos fisiológicos (Chaves, 1991).

A melhoria da produtividade das culturas em condições de restrições abióticas no campo é uma das principais preocupações em muitas zonas do mundo onde se cultivam leguminosas. As leguminosas são geralmente cultivadas em condições de limitação de água e, por conseguinte, estas culturas deparam-se frequentemente com situações de seca que reduzem em grande medida a produtividade. Entre os muitos factores associados à tolerância à seca nas culturas de leguminosas, os traços radiculares foram considerados como os atributos mais importantes que permitem à planta determinar eficazmente a água a partir da camada mais profunda do solo em ambientes secos. Foi observada uma quantidade considerável de variabilidade genética no que respeita aos caracteres radiculares, incluindo o comprimento, o peso seco, a densidade do comprimento das raízes (RLD), *etc.* Para além da variação morfológica observada nas raízes, que tem um significado específico de adaptação, os seus aspectos funcionais, que envolvem a absorção direta de água e a cinética que lhe está associada, são igualmente importantes. Os progressos realizados até à data no domínio das raízes nas culturas de leguminosas foram elucidados, o que poderá explorar as possibilidades de criação de genótipos que herdem um sistema radicular eficiente nas leguminosas (Vadez *et al.*, 2008).

Por isso, no presente estudo, é necessário analisar os parâmetros fisiológicos, *ou seja,* o teor de clorofila, o teor relativo de água (RWC), a matéria seca das folhas, o número de estomas por unidade de ureia e a área foliar, para avaliar os genótipos de feijão Cluster com base em condições de stress de seca.

A leitura da literatura relacionada com os diferentes aspectos do presente inquérito é apresentada nos seguintes subtítulos.

1.1 SELECÇÃO DE GENÓTIPOS COM BASE EM PARÂMETROS FISIOLÓGICOS

De Carvalho *et al.* (1998) compararam o stress hídrico entre *Phaseolus vulgaris cv.* Carioca (suscetível), *Vigna unguiculata cv.* IT83D (intermediariamente tolerante) e *V. unguiculata cv.* EPACE-1 (tolerante) durante um tratamento de stress hídrico imposto. Foram investigadas as variações nas trocas gasosas das folhas (*ou* seja, assimilação e condutância estomática) e o conteúdo relativo de água das folhas em resposta à depleção progressiva de água do substrato. Verificaram a extensão da lesão causada pelo tratamento de seca e as trocas gasosas das folhas foram medidas após a re-hidratação. Confirmaram a utilidade dos parâmetros fisiológicos como ferramentas de rastreio precoce da resistência à seca em cultivares de feijão.

França *et al.* (2000) realizaram pesquisas ecofisiológicas para determinar as respostas à seca de *Phaseolus vulgaris*. Quatro cultivares de feijão do Brasil, A320, Carioca, Ouro Negro e Xodo' foram submetidas a um défice hídrico imposto com o objetivo de avaliar a importância de alguns mecanismos adaptativos de resistência à seca através da análise de parâmetros de crescimento, estado hídrico, trocas gasosas e indicadores de mecanismos de tolerância a nível celular. Quatro *cvs. P. vulgaris* apresentaram capacidades de adaptação à seca algo diferentes para uma seca prolongada durante a fase vegetativa.

Ricciardi *et al.* (2001) concluíram que o stress hídrico era um dos principais factores que limitavam o rendimento do feijão-frade e, tal como para outras culturas, estavam a ser testados novos parâmetros de seleção (morfológicos, fisiológicos e bioquímicos) para identificar genótipos tolerantes ao stress hídrico. Este estudo relata a resposta de oito populações melhoradas de fava e duas cultivares ao stress hídrico. Todos os genótipos foram cultivados em condições de stress hídrico simulado. Em condições de stress e sem stress, o estado da água foi registado através de medições do potencial hídrico da folha (LWP) e da resistência estomática (Rs). Os resultados indicam que, tanto nos tratamentos sem stress como nos tratamentos com stress, as populações melhoradas de fava MG-106458 da Alemanha e MG-109263 e MG-112925 da Etiópia, eram genótipos precoces, de rendimento elevado e estável.

Nautiyal *et al.* (2002) realizaram experiências de campo durante duas estações chuvosas para estudar o efeito do défice de humidade no solo sobre a biomassa total, a produção de vagens, o índice de colheita (HI) e o índice de tolerância à seca (DTI) em cultivares de amendoim (*Arachis hypogaea* L.) com uma vasta gama de área foliar específica (SLA, 144-241 $cm^2\ g^{-1}$). Foram utilizados três regimes de humidade do solo. Utilizando o mesmo conjunto de sete cultivares, foram realizadas experiências de cultura em vaso para estudar o conteúdo relativo de água (RWC), a condutância estomática (g_s) e a taxa de troca de carbono de uma folha (CER) durante o aumento do défice de humidade em duas estações contrastantes (chuvosa e verão). A regressão entre os declives do SLA e do RWC fornece provas conclusivas do papel do SLA na manutenção do estado hídrico da folha durante o stress, bem como uma variação significativa da cultivar.

Reddy *et al.* (2003) desenvolveram uma função de resposta ao stress hídrico no amendoim, que melhorou o desempenho sob diferentes graus de stress em várias fases fisiológicas do crescimento da cultura. São delineadas possíveis estratégias de melhoramento genético, desde a seleção empírica para a produção em ambientes de seca até uma abordagem fisiológica-genética.

Clavel *et al.* (2006) realizaram uma experiência com dois conjuntos de linhas de amendoim extra-precoces estreitamente relacionadas (80 dias) desenvolvidas através de retrocruzamento entre duas cultivares produtivas de 90 dias, 55-437 e 73-30 e um dador de precocidade de 75 dias. O rendimento, a precocidade, os índices de resposta à seca (SSI e STI) e as caraterísticas fisiológicas do conteúdo relativo de água (RWC) e os parâmetros da fluorescência da clorofila in vivo foram medidos nos dois conjuntos de linhas durante duas épocas de colheita. As correlações entre estas caraterísticas fisiológicas e o rendimento ou os índices de resposta à seca foram muito variáveis consoante as linhas, os tratamentos e os anos.

Hamidou *et al.* (2007) estudaram cinco genótipos de feijão-frade, Gorom local (Go), KVX61-1 (KV), Mouride (Mo), Bambey 21 (B21) e TN88-63 (TN), que diferiam na sua suscetibilidade ao stress hídrico, em condições de estufa e de campo, para determinar as suas respostas fisiológicas, bioquímicas e agronómicas ao défice hídrico na fase de floração. Foi examinado o efeito do défice hídrico no potencial hídrico da folha, na temperatura da copa, nas trocas gasosas, no teor de prolina da folha, no teor de proteínas totais e de amido, no rendimento quântico máximo e nos componentes do rendimento. Os resultados sugerem que a manutenção da fotossíntese líquida e a acumulação de solutos parecem ser caraterísticas que conferem tolerância ao stress hídrico em Go, Mo e TN.

Arunyanark *et al.* (2008) investigaram as interações genótipo-seca numa vasta gama de germoplasma de amendoim em geral e avaliaram a relação entre a estabilidade da clorofila e o desempenho genotípico, sob seca. As observações sobre a matéria seca total (TDM), a densidade de clorofila (ChlD) (teor de clorofila por unidade de área foliar), o teor de clorofila (teor de clorofila por planta) e as leituras do medidor de clorofila SPAD (SCMR) foram registadas aos 30, 60 e 90 dias após a emergência. Sugeriram que o SCMR poderia ser utilizado como ferramenta para a avaliação rápida do estado relativo da clorofila em genótipos de amendoim, bem como para a seleção indireta da tolerância à seca noutras leguminosas.

Gunes *et al.* (2008) realizaram uma experiência em estufa para estudar a variação genotípica entre 11 cultivares de grão-de-bico (*Cicer arietinum* L.). As plantas foram cultivadas sob stress de seca, implementado nas fases de pré ou pós-antese. Foram determinadas as relações entre o índice de suscetibilidade à seca DSI e a perda de água nas folhas excisadas (RWL), o teor relativo de água (RWC), a permeabilidade das membranas, o ácido ascórbico, a prolina e o teor de clorofila, a fim de descobrir como utilizar os critérios de seleção genotípica para a tolerância à seca. Os resultados demonstraram que as cultivares tolerantes à seca tinham uma maior concentração de RWC, ácido ascórbico e prolina.

Nunes *et al.* (2008) estudaram alguns mecanismos envolvidos na resistência à seca em resposta a um défice hídrico progressivo imposto pela supressão da irrigação do solo, retendo o fornecimento de água até que o solo tenha atingido metade do seu teor máximo de água, não teve efeito significativo sobre a CRA das folhas, trocas gasosas ou parâmetros de fluorescência da clorofila em plantas *de Medicago truncatula* Gaertn. *cv.* Jemalong. Em condições de seca severa, a resistência das plantas à falta de água envolveu principalmente mecanismos de prevenção da seca através de uma diminuição da condutância estomática. Foi confirmada a presença de limitações não-estomatais da fotossíntese.

Terzi *et al.* (2010) selecionaram cultivares de feijão comum (*Phaseolus vulgaris* L.) (Goynuk 98, Karacaçehir 90, Çehirali 90, ES 855 e Yunus 90) submetidas a stress de seca para avaliar os níveis de tolerância à seca através da análise de parâmetros de crescimento, potencial hídrico foliar ($\Psi_{(folha)}$), condutância estomática (g_s), teor de clorofila (chl) e peroxidação lipídica. Foram registadas diferenças significativas entre as cultivares na maioria das caraterísticas. Yunus 90 foi identificada como a cultivar mais tolerante e Karacaçehir 90 foi a cultivar mais sensível.

Pang *et al.* (2011) estudaram leguminosas herbáceas perenes (*Medicago sativa* L.) com maior resistência ao stress de seca. Em dez espécies/acessões de leguminosas herbáceas perenes. Foi identificada uma série de respostas ao stress hídrico, incluindo: redução do crescimento dos rebentos, enrolamento das folhas, pubescência mais espessa nas folhas e caules, aumento da relação raiz:rebento, aumento, diminuição ou nenhuma alteração na distribuição das raízes em profundidade, reduções na área foliar específica ou no potencial hídrico das folhas e ajustamento osmótico.

Ranawake *et al.* (2011) revelaram a resposta do feijão-mungo ao stress hídrico em três fases de crescimento diferentes, três semanas após a plantação (3WAP), seis semanas após a plantação (6WAP) e oito semanas após a plantação (8WAP). A altura da planta, o número de folhas, o número de botões florais, a matéria seca, o peso do sistema de rebentos, o número de raízes laterais, o comprimento da raiz axial, o número de nódulos radiculares e o peso da matéria seca do sistema radicular foram medidos após um período de recuperação de uma semana em plantas stressadas em três fases de crescimento diferentes e em plantas de controlo relevantes. Todos os parâmetros foram significativamente afectados pelo stress hídrico aos 6WAP. O stress hídrico reduz sempre o desenvolvimento das folhas em qualquer fase de crescimento do feijão-mungo, mas reduz significativamente o rendimento final de grãos da cultura, independentemente de a seca atingir a cultura aos 3 e 6 anos de idade.

Slama *et al.* (2011) estudaram a resposta ao stress por défice hídrico (33% da capacidade de campo, CF) de oito cultivares de *Medicago sativa*, originárias da bacia do Mediterrâneo. A comparação foi efectuada em alguns parâmetros-chave, como o crescimento, o teor relativo de água, o potencial hídrico foliar, o teor de MDA nos tecidos, a fuga de electrólitos e as concentrações de prolina e de açúcar solúvel nos tecidos. Em todas as cultivares, o stress por défice hídrico levou a uma diminuição significativa do teor relativo de água na folha e do potencial hídrico da folha.

Singh e Reddy (2011) avaliaram a dinâmica dos parâmetros da fotossíntese e da eficiência da utilização da água em 15 genótipos de feijão-frade em condições de boa rega e de seca. A fotossíntese e a fluorescência da clorofila diminuíram linearmente com a diminuição do teor de água no solo, ao passo que a eficiência intrínseca da utilização da água (WUE) aumentou sob stress de seca, sugerindo que a regulação e a densidade dos estomas constituíam uma limitação importante para a fotossíntese.

Furlan *et al.* (2012) avaliaram o crescimento e a nodulação, bem como alguns indicadores fisiológicos e bioquímicos do estresse em resposta ao estresse por seca e posterior reidratação na associação simbiótica amendoim-Bradyrhizobium *sp.* SEMIA6144. O stress por seca afectou o crescimento do amendoim, reduzindo o peso seco dos rebentos, o número de nódulos e o peso seco, bem como o teor de azoto, mas o peso seco das raízes aumentou, atingindo uma superfície exploratória importante.

Ammar *et al.* (2015) realizaram uma pesquisa para comparar os genótipos de fava (*Vicia faba* L.) Giza Blanka, Goff-1, Hassawi-1, Hassawi-2 e Gazira-2 em termos de atributos fisiológicos e rendimento em ambientes com limitação de água. Foram avaliados o comprimento da raiz e do rebento, os teores de água na folha, os teores de clorofila total e a eficiência do fotossistema II, a altura da planta, o rendimento de grãos e atributos relacionados. Uma melhor acumulação de prolina livre nas folhas, proteínas solúveis e a manutenção dos teores de clorofila, água nos tecidos, eficiência do fotossistema II e peso dos grãos em condições de limitação hídrica ajudaram alguns genótipos, como o Hassawi-2, a obter um melhor rendimento.

Seenaiah *et al.* (2015) estudaram os efeitos da seca sobre o efeito morfológico e fisiológico no crescimento radicular, crescimento de rebentos, área foliar, conteúdo relativo de água (RWC) e variações nos valores de leitura de clorofila SPAD. A acumulação de vários nutrientes importantes em seis genótipos de feijão RGC-936, RGC-1025, HG-365, GC-1031, JG-1 e JG-2 tem variado na tolerância à seca. Os genótipos RGC-1025, RGC-936, HG365, GC-1031, JG-2 e JG-1 foram cultivados em parcelas de blocos aleatórios mantidos sob temperatura óptima durante 39-48 dias em condições de campo. As plantas com 39 dias de idade foram submetidas a stress de seca. Apenas as plantas de controlo foram irrigadas uma vez durante 4 dias e as plantas tratadas sem água até 39-48 dias. Após 10 dias, a 3ª folha foi recolhida das plantas de controlo e tratadas. O comprimento total da raiz foi maior em RGC1025 e RGC-936 seguido por JG-1 e JG-2. Observou-se uma grande diminuição no teor de nutrientes N, P, K, Ca, Mg e Zn e uma menor diminuição no teor de Fe e Cu. Verifica-se que a razão raiz do rebento, a área foliar, a RWC foram elevadas e os valores de leitura SPAD da clorofila foram menores em condições de stress hídrico nos genótipos de feijão RGC-1025, RGC-936 e HG365 quando comparados com JG-2, JG-1 e GC-1031.

Singla *et al.* (2016) estudaram o guar, uma leguminosa anual de verão tolerante à seca e ao sal, que poderia ser uma potencial cultura alternativa nas planícies semi-áridas do Sul. Registaram temperaturas mais elevadas e precipitação plantadas em meados de junho e tiveram um melhor estabelecimento do povoamento, como demonstrado pelo maior número de plantas m^{-2}, melhor fisiologia, como revelado pela maior taxa fotossintética (Pn), taxa de transpiração (Tr), índice de área foliar (LAI) e valores SPAD.

As leguminosas desempenharam um papel central no desenvolvimento da agricultura e da civilização e, atualmente, representam cerca de um terço da produção mundial de culturas primárias. Infelizmente, a maioria das leguminosas cultivadas são sistemas-modelo pobres para a investigação genómica. Por conseguinte, *a Medicago truncatula*, que tem um genoma diploide relativamente pequeno, foi adoptada como espécie modelo para a genómica das leguminosas. Para aumentar o seu valor como modelo, foi criado um atlas de expressão genética que fornece uma visão global da expressão genética em todos os principais sistemas de órgãos desta espécie, com especial ênfase no desenvolvimento de nódulos e sementes. O atlas revela diferenças maciças na expressão genética entre órgãos que são acompanhadas por alterações na expressão de genes reguladores chave, tais como genes de factores de transcrição, que presumivelmente orquestram a reprogramação genética durante o desenvolvimento e a diferenciação. Curiosamente, muitos genes específicos de leguminosas são preferencialmente expressos em nódulos fixadores de azoto, indicando que a evolução lhes conferiu papéis especiais neste órgão único e importante. A análise comparativa do transcriptoma de Medicago versus Arabidopsis revelou uma divergência significativa nos perfis de expressão do desenvolvimento de genes ortólogos, o que indica que a análise filogenética por si só é insuficiente para prever a função dos ortólogos em diferentes espécies (Benedito *et al.,* 2008).

Foram realizados vários estudos sobre a expressão de genes housekeeping em condições de stress hídrico em leguminosas. As técnicas baseadas na PCR quantitativa em tempo real (qPCR) tornaram-se essenciais para estudos de expressão genética e para a caraterização molecular de alto rendimento de eventos transgénicos. A normalização para o gene de referência na quantificação relativa torna os resultados da qPCR mais fiáveis quando comparados com a quantificação absoluta, mas requer genes de referência robustos.

Uma vez que o gene de referência ideal deve ser específico da espécie, nenhum gene de controlo interno único é universal para utilização como gene de referência em várias fases de desenvolvimento da planta e em diversas condições de crescimento (Reddy *et al.,* 2013). A exatidão, a sensibilidade e o elevado rendimento da PCR quantitativa em tempo real (RT-qPCR) têm sido amplamente utilizados na análise da expressão genética. A qualidade dos dados obtidos nessas análises é afetada pela qualidade dos genes de referência utilizados (Ma *et al.*, 2013).

Os dados da PCR quantitativa de transcrição reversa em tempo real (RT-qPCR) precisam de ser normalizados para uma interpretação correta. Os genes de referência são utilizados por rotina para este efeito, mas não se pode presumir que o seu nível de expressão permaneça constante em todas as condições experimentais possíveis. Assim, é necessária uma validação sistemática dos genes de referência para garantir uma normalização correta (Hu *et al.*, 2009).

1.2 NORMALIZAÇÃO DO PROTOCOLO DE ISOLAMENTO DE RNA DE GENÓTIPOS DE FEIJÃO CLUSTER

Manji e Tasuro (1964) descobriram que um licor de cozimento de sulfito gasto ou licor de sulfito residual, o produto residual bem conhecido das fábricas de sulfito, de preferência quando diluído, era um excelente meio de extração para extrair ácido ribonucleico da levedura.

Ainsworth (1994) utilizou tecido floral de *Rumex acetosa*, que se revelou difícil de isolar por métodos normalizados, provavelmente devido ao seu elevado teor de polissacáridos. A extração a pH baixo e a precipitação dos polissacáridos com acetato de potássio, seguida da precipitação do ARN com cloreto de lítio, produziram ARN de elevada qualidade.

Chomczynski e Mackey (1995) utilizaram uma modificação do procedimento TRI Reagent para isolar o ARN de material rico em polissacáridos e proteoglicanos. Neste procedimento, o ARN foi precipitado da fase aquosa através da ação combinada de isopropanol e de uma concentração elevada de sal. Nestas condições, o ARN foi efetivamente precipitado, enquanto os polissacáridos e proteoglicanos contaminantes permaneceram na forma solúvel.

Suzuki *et al.* (2001) isolaram o ARN de folhas de arroz utilizando cloreto de benzilo em vez de fenol saturado com água, juntamente com maceração adicional com uma pequena quantidade de areia de quartzo, tendo a eficiência aumentado para 81-95%. Quando as fracções de ARN obtidas com o método melhorado foram submetidas a eletroforese em gel de agarose, foram detectadas bandas intactas de 25S e 18SrRNAs.

Suzuki (2003) desenvolveu um método rápido e simples, utilizando um tampão de extração contendo isoascorbato de sódio a uma concentração de 500 mM. Os rendimentos das fracções de ARN foram de 246-1750 µg/g de peso fresco quando foram utilizadas como amostras folhas de eucalipto, cinco outras plantas lenhosas e quatro plantas herbáceas. A contaminação das fracções de ARN por proteínas e polissacáridos foi muito limitada, conforme avaliado espectrofotometricamente e submetido a eletroforese em gel de agarose, tendo sido detectadas bandas de ARNr intactas. As fracções de ARN podem ser utilizadas para RT-PCR.

Daohong *et al.* (2004) utilizaram a polivinilpirrolidona (PVP) solúvel, a precipitação com etanol, a extração com fenol e a precipitação com LiCl. Através deste método, o ARN capaz de realizar a transcrição inversa e a amplificação da reação em cadeia da polimerase (PCR) foi isolado do crisântemo, que contém níveis elevados de compostos fenólicos e hidratos de carbono. A razão de absorvância OD 260/280 é de 2 e o ARN estava intacto.

Portillo *et al.* (2006) extraíram RNA de plântulas de tomate com os três diferentes reagentes comerciais TRIZOL LS, TRIZOL e TRI Reagent em combinação com pulverização, homogeneização-maceração em almofariz e homogeneização com vibração suave e esferas de vidro, e avaliaram a qualidade e o rendimento da integridade do RNA total. A pulverização sob azoto líquido combinada com TRIZOL LS como reagente de extração e a homogeneização-maceração em almofariz com TRI Reagent foram os procedimentos que proporcionaram maior rendimento, integridade e qualidade do ARN, bem como reprodutibilidade entre extracções independentes de ARN.

Onate-Sanchez e Vicente-Carbajosa (2008) estabeleceram protocolos para isolar RNA livre de DNA de tecidos *de Arabidopsis thaliana* prontos para aplicações de RT-qPCR. Foram utilizados tampões simples e não tóxicos para o isolamento de ARN de tecidos de Arabidopsis, com exceção das sementes e das síliquas, que exigiram a utilização de extracções orgânicas. O

Os protocolos foram concebidos para minimizar o número de passos, o tempo de trabalho e a quantidade de tecido inicial para apenas 10-20 mg sem afetar a qualidade do ARN.

Chomczynski (2010) avaliou composições e métodos para isolar ARN intacto substancialmente isento de ADN, designado ARN purificado. Numa forma de realização, a amostra foi tratada com fenol a um pH inferior a 4,0 e o ARN purificado foi recuperado da fase aquosa. Noutra forma de realização, o ARN foi precipitado a partir de uma amostra acidificada contendo um volume reduzido de um solvente orgânico. A mesma composição inventiva pode ser utilizada para várias concretizações com ajuste do pH.

Ghawana *et al.* (2011) estudaram que os metabolitos secundários interferem com o isolamento do ARN, particularmente com as receitas que utilizam sal à base de guanidínio. Tal interferência foi observada no isolamento de ARN com plantas medicinais Rheum (*Rheum australe*) e Arnebia (*Arnebia euchroma*). Um sistema rápido e menos complicado para o isolamento de ARN era essencial para facilitar qualquer estudo relacionado com a expressão genética. Foi desenvolvido um sistema de isolamento de ARN sem sal de guanidínio que isolou com êxito o ARN de Rheum e Arnebia. O rácio A260/280 variou entre 1,9 e 2,1. O ARN isolado foi passível de aplicações a jusante, tais como a reação em cadeia da polimerase com transcrição reversa (RT-PCR), a visualização diferencial (DD), a construção de bibliotecas de hibridação subtractiva por supressão (SSH) e a hibridação a norte.

Sah *et al.* (2014) relataram um protocolo de extração de RNA de alta qualidade para uma variedade de espécies de plantas. O protocolo baseado em Trizol é mais eficaz em termos de tempo do que os métodos tradicionais de extração de ARN. O método levou apenas uma hora para completar o procedimento. A medição espetral e a eletroforese foram utilizadas para demonstrar a qualidade e a quantidade de ARN. O ARN extraído foi posteriormente utilizado para a síntese de cDNA, análise da expressão e determinação do número de cópias através de PCR em tempo real. Os resultados indicaram que o ARN era de boa qualidade e adequado para a PCR em tempo real. Este protocolo de extração de ARN de plantas de elevado rendimento pode ser utilizado para isolar ARN de elevada qualidade de diversas plantas para PCR em tempo real e outras aplicações a jusante.

1.3 RASTREIO DE GENES ENDÓGENOS AMPLIFICÁVEIS ATRAVÉS DE RT-PCR (REAL TIME-PCR)

Jain *et al.* (2006) estudaram resultados precisos e fiáveis da expressão de genes para a normalização de dados de PCR em tempo real necessários em relação a um gene de controlo. Avaliaram a expressão genética de 10 genes de controlo frequentemente utilizados, incluindo *18SrRNA, 25SrRNA, UBC, UBQ5, UBQ10, ACT11, GAPDH, EFla, IF4a* e *b-TUB,* num conjunto diversificado de 25 amostras de arroz. A expressão de *UBQ5* e *EFla* foi mais estável em todas as amostras de tecido examinadas. No entanto, *o 18S* e *o 25SrRNA* apresentaram a expressão mais estável em plantas cultivadas sob várias condições ambientais. Além disso, verificou-se que um conjunto de dois genes era melhor como controlo para a normalização dos dados. A expressão destes genes (com uma expressão mais uniforme) pode ser utilizada para a normalização dos resultados da PCR em tempo real para estudos de expressão de genes numa grande variedade de amostras de arroz.

Hu *et al.* (2009) efectuaram uma comparação sistemática de 14 potenciais genes de referência para a soja. Estes incluíam sete genes comummente utilizados (*ACT2, ACT11, TUB4, TUA5, CYP, UBQ10, EF1b*) e sete novos candidatos (*SKIP16, MTP, PEPKR1, HDC, TIP41, UKN1, UKN2*). A estabilidade da expressão foi examinada por RT-qPCR em 116 amostras biológicas, representando tecidos em várias fases de desenvolvimento, tratamentos fotoperiódicos variados e uma gama de cultivares de soja. A expressão de todos os 14 genes foi variável até certo ponto, mas a de *SKIP16, UKN1* e *UKN2* foi globalmente estável. Uma combinação de *ACT11, UKN1* e *UKN2* seria apropriada como painel de referência para normalizar dados de expressão de genes entre diferentes tecidos, enquanto a combinação *SKIP16, UKN1* e *MTP* foi mais adequada para estágios de desenvolvimento. *ACT11, TUA5* e *TIP41* foram os mais estavelmente expressos quando o fotoperíodo foi alterado, e *TIP41, UKN1* e *UKN2* quando a qualidade da luz foi alterada. Para seis cultivares diferentes em dia longo (LD) e dia curto (SD), a sua estabilidade de expressão não variou significativamente, sendo *ACT11, UKN2* e *TUB4* os genes mais estáveis. Nenhum dos genes de referência candidatos foi expresso uniformemente em todas as condições experimentais e os genes de referência mais adequados são condicionais, específicos do tecido, de desenvolvimento e dependentes da cultivar. A maioria dos novos genes de referência teve um desempenho melhor do que os genes de manutenção convencionais e deve orientar a seleção de genes de referência para estudos de expressão genética em soja.

Paolacci *et al.* (2009) estudaram os genes de referência utilizados na análise da expressão génica. Para selecionar os genes de referência candidatos, desenvolveram um método *in silico* simples baseado nos dados publicamente disponíveis nas bases de dados de trigo Unigene e TIGR. A estabilidade da expressão de 32 genes foi avaliada por qRT-PCR utilizando um conjunto de cDNAs de 24 amostras de plantas diferentes, que incluíam diferentes tecidos, fases de desenvolvimento e stresses de temperatura. As sequências selecionadas incluíram 12 *HKGs* bem conhecidos representando diferentes classes funcionais e 20 genes novos com referência à questão da normalização. A estabilidade da expressão dos 32 genes candidatos foi testada pelos programas informáticos geNorm e NormFinder utilizando cinco conjuntos de dados diferentes. Foram detectadas algumas discrepâncias na classificação dos genes de referência candidatos , mas houve uma concordância substancial entre os grupos de genes com a expressão mais e menos estável. Três novos genes de referência identificados parecem ser mais eficazes do que os bem conhecidos e frequentemente utilizados *HKGs* para normalizar a expressão dos genes no trigo. Finalmente, o estudo da expressão de um gene que codifica uma proteína *do tipo PDI* mostrou que a sua avaliação correta depende da adoção de genes de normalização adequados e pode ser negativamente afetada pela utilização de *HKGs* tradicionais com expressão instável, como a *actina* e a *α-tubulina*. Os novos genes de referência permitirão uma normalização e quantificação mais exactas da expressão genética no trigo e serão úteis para a conceção de pares de primers destinados a genes ortólogos noutras espécies vegetais.

Garg *et al.* (2010) estudaram a expressão de 12 genes de controlo interno candidatos, incluindo *ACT1, EFla, GAPDH, IF4a, TUB6, UBC, UBQ5, UBQ10, 18SrRNA, 25SrRNA, GRX* e *HSP90*, num conjunto diversificado de 18 amostras de tecido que representam diferentes órgãos/estágios de desenvolvimento e condições de stress no grão-de-bico (*Cicer arietinum* L.). Os seus níveis de expressão variam consideravelmente nas várias amostras de tecido analisadas. Os níveis de expressão de *EFla* e *HSP90* são mais constantes nos vários órgãos/estágios de desenvolvimento analisados. Da mesma forma, os níveis de expressão de *IF4a* e *GAPDH* foram os mais constantes em várias condições de stress. Um conjunto de dois genes mais estáveis foi considerado suficiente para uma normalização exacta e fiável dos dados de PCR em tempo real no conjunto de amostras de tecido de grão-de-bico. Os genes com expressão mais constante identificados neste estudo foram úteis para a normalização de dados de expressão de genes numa grande variedade de amostras de tecidos de grão-de-bico.

A PCR quantitativa em tempo real foi utilizada para avaliar a estabilidade da expressão de 11 genes de referência candidatos no feijão faba. Foi utilizado um vasto conjunto de amostras, incluindo diferentes tecidos, genótipos e várias inoculações para os agentes patogénicos mais importantes. A estabilidade da expressão dos genes candidatos foi analisada utilizando dois algoritmos diferentes, geNorm e NormFinder, e os resultados obtidos por ambos os algoritmos foram altamente correlacionados para cada conjunto experimental. Em todos os casos, os genes *ACT1, CYP2* ou *ELF1A* actuaram como os genes mais estáveis nos nossos conjuntos experimentais. Representam parte da melhor combinação de genes de acordo com os algoritmos geNorm e NormFinder. Os dados mostram a vasta gama de expressão dos genes selecionados, confirmando que nenhum gene de referência isolado tem uma expressão estável nestas condições na fava. Utilização de *ACT1, CYP2* e *ELF1A* como os genes de referência mais adequados para normalizar a expressão de genes para estudos futuros em *V. faba* (Gutierrez *et al.* 2011).

Galli *et al.* (2013) sugeriram que resultados fiáveis utilizando experiências de RT-qPCR dependiam da utilização de genes de referência adequados. Eles utilizaram os softwares geNorm e NormFinder para identificar os genes de referência candidatos mais estavelmente expressos em amostras de sete estágios de desenvolvimento de grãos e de oito variedades landrace. Os resultados da análise efectuada com o geNorm indicaram que a tubulina (*TUB*) e a actina (*ACT*) eram os genes de referência mais adequados em todas as condições experimentais, enquanto o gene *da gliceraldeído-3-fosfato desidrogenase* (*GAPDH*) apresentava a menor estabilidade. O mesmo resultado foi obtido com o software NormFinder. O número mínimo de genes necessários em cada condição experimental para normalizar os dados de expressão génica foi também determinado pelo geNorm. A expressão do gene da fiteno sintase *(PSY1)*, a primeira enzima na via biossintética dos carotenóides, foi sobre-estimada quando o gene candidato menos estável *(GAPDH)* foi utilizado como controlo interno em vez do par de genes mais estável *(ACT:TUB)*, salientando assim a importância de validar os genes de referência antes de realizar uma experiência de RT-qPCR para obter resultados exactos. Este estudo foi o primeiro a analisar a estabilidade de genes para utilização como genes de referência para normalizar dados de RT-qPCR de raças terrestres de milho durante várias fases de desenvolvimento do grão.

Gimeno *et al.* (2014) avaliaram a estabilidade da expressão de genes para usar como referência para qRT-PCR na gramínea Switchgrass (*Panicum virgatum).* Onze genes de referência candidatos, incluindo *EFla, UBQ6, ACT12, TUB6, eIF-4a, GAPDH, SAMDC, TUA6, CYP5, U2AF* e *FTSH4*, foram validados para normalização de qRT-PCR em diferentes tecidos vegetais e sob diferentes condições de stress. A estabilidade da expressão destes genes foi verificada através da utilização de dois algoritmos distintos, geNorm e NormFinder. Foram observadas diferenças após a comparação da classificação dos genes de referência candidatos identificados pelos programas, mas *eEF-la, eIF-4a, CYP5* e *U2AF* são classificados como os genes mais estáveis nos conjuntos de amostras em estudo.

A validação dos genes de referência propostos pelo geNorm e pelo NormFinder foi efectuada através da normalização da abundância dos transcritos de um grupo de genes alvo em diferentes amostras. Os resultados mostram padrões de expressão semelhantes quando foram utilizados os melhores genes de referência selecionados por ambos os programas, mas foram detectadas diferenças na abundância de transcrição dos genes alvo. O melhor gene selecionado neste estudo ajudará a melhorar a qualidade dos dados de expressão genética numa grande variedade de amostras de switchgrass.

Imai *et al.* (2014) avaliaram genes de referência adequados para a análise RT-qPCR em pereira japonesa (*Pyrus pyrifolia*). Testaram os genes mais frequentemente utilizados na literatura, como a b-Tubulina, a Histona H3, a Actina, o Fator de alongamento-1a, a Gliceraldeído-3-fosfato desidrogenase, juntamente com os genes recentemente adicionados *Annexin, SAND* e *TIP41*. Foram avaliadas 17 combinações de iniciadores para estes oito genes, utilizando cDNAs sintetizados a partir de 16 amostras de tecido de quatro grupos, nomeadamente: botão floral, órgão floral, polpa do fruto e casca do fruto. As estabilidades de expressão dos genes foram analisadas utilizando os pacotes de software geNorm e NormFinder ou pelo método DCt. A análise geNorm indicou três genes com melhor desempenho como sendo suficientes para uma normalização fiável dos dados RT-qPCR. Os genes de referência adequados eram diferentes entre os grupos de amostras, o que sugere a importância da validação da estabilidade da expressão genética dos genes de referência nas amostras de interesse. A classificação da estabilidade foi basicamente semelhante entre o geNorm e o NormFinder. A expressão genética de dois genes induzíveis pelo frio, *PpCBF2* e *PpCBF4*, foi quantificada utilizando os três genes de referência mais e menos estáveis sugeridos pelo geNorm. Embora as quantidades normalizadas fossem diferentes entre eles, as quantidades relativas dentro de um grupo de amostras eram semelhantes mesmo quando se utilizavam os genes de referência menos estáveis. Os seus dados sugerem que a utilização do valor médio geométrico de três genes de referência para normalização é uma abordagem bastante fiável para avaliar a expressão genética por RT-qPCR. Propõem que a avaliação inicial da estabilidade da expressão genética pelo método DCt e a avaliação subsequente pelo geNorm ou NormFinder para um número limitado de candidatos a genes superiores seja uma forma prática de encontrar genes de referência fiáveis.

Sinha *et al.* (2015) estudaram a análise da expressão genética utilizando qRT-PCR em feijão-frade. Não foram comunicados genes de manutenção específicos no caso do feijão-frade (*Cajanus cajan*), apesar de a sequência do genoma da cultura estar disponível. Para identificar os genes de manutenção estáveis no feijão-frade para a análise da expressão em condições de stress hídrico, foram estudadas as variações da expressão relativa de 10 genes de manutenção comummente utilizados *(EF1a, UBQ10, GAPDH, 18SrRNA, 25SrRNA, TUB6, ACT1, IF4a, UBC* e *HSP90)* nos tecidos da raiz, do caule e das folhas de Asha (ICPL 87119). Três algoritmos estatísticos geNorm, NormFinder e BestKeeper foram utilizados para definir a estabilidade dos genes candidatos. A análise geNorm identificou *o IF4a* e o *TUB6* como os genes de manutenção mais estáveis, no entanto, a análise NormFinder determinou *o IF4a* e o *HSP90* como os genes de manutenção mais estáveis em condições de stress hídrico. Posteriormente, procedeu-se à validação dos genes candidatos identificados através da análise da expressão genética baseada em qRT-PCR do gene *uspA*, que desempenha um papel importante em condições de stress por seca no feijão-frade. A quantificação relativa do gene *uspA* variou de acordo com os controlos internos (genes estáveis e menos estáveis).

Tanwar *et al.* (2017) estudaram o melhoramento genético da cultura de guar de importância industrial. Isso foi prejudicado devido à falta de recursos genômicos ou transcripômicos suficientes. Neste estudo, a tecnologia RNA-Seq foi empregada para caraterizar o transcriptoma de tecidos foliares de duas variedades de guar, a saber, M-83 e RGC-1066. Estudos *in silico* identificaram 145 marcadores SSR polimórficos em duas variedades.

2.3.1 Avaliação e validação de genes housekeeping por RT-PCR

Torres *et al.* (2009) afirmaram que a caraterização da expressão genética constitui uma ferramenta interessante para desvendar os mecanismos envolvidos na resposta das plantas a qualquer stress biótico ou abiótico. Permitiu a identificação de centenas de genes induzidos quando as plantas são expostas ao stress.

2.3.1.1. PCR em tempo real

O método de PCR em tempo real monitoriza a formação de produtos de PCR em tempo real através da utilização de fluoróforos sensíveis ao ADN (ou sondas com dupla marcação) e de uma máquina de PCR equipada com um detetor fotossensível. O modelo utilizado na PCR é o ARN transcrito reversamente (cDNA) ou o ADN genómico. Através da co-amplificação de um gene de referência e da comparação do número de ciclos necessários para que o gene específico seja detectado em relação ao nível de ruído de fundo, é possível determinar a quantidade relativa de transcrições de genes nas amostras.

A PCR em tempo real requer titulações cuidadosas do modelo, um bom desenho experimental com réplicas e primers e genes de referência bem escolhidos para produzir resultados fiáveis (Meijerink, 2001). As reacções de PCR em tempo real são caracterizadas pelo ponto no tempo (ou ciclo de PCR) em que a amplificação do alvo é detectada pela primeira vez. Este valor é normalmente referido como limiar do ciclo (Ct), o momento em que a intensidade da fluorescência é superior à fluorescência de fundo. Consequentemente, quanto maior for a quantidade de ADN-alvo no material de partida, mais rapidamente aparecerá um aumento significativo do sinal fluorescente, o que resulta num Ct mais baixo (Heid *et al.*, 1996).

A PCR em tempo real tornou-se um dos métodos mais utilizados para estudos de expressão génica, uma vez que possui uma grande gama dinâmica e tem pouco ou nenhum processamento pós-amplificação, sendo passível de aumentar o rendimento das amostras. O advento da PCR em tempo real e da PCR de transcrição reversa em tempo real (RT-PCR em tempo real) alterou radicalmente o domínio da medição da expressão genética. A PCR em tempo real é a técnica de recolha de dados do processo de PCR à medida que este ocorre, combinando assim a amplificação e a deteção num único passo. Para o efeito, utiliza-se uma variedade de produtos químicos fluorescentes diferentes que correlacionam a concentração do produto da PCR com a intensidade da fluorescência (Higuchi *et al.*, 1993).

Higuchi *et al.* (1992), da Roche Molecular Systems e da Chiron, efectuaram a primeira demonstração da PCR em tempo real. Incluindo um corante fluorescente comum, o brometo de etídio (EtBr), na PCR e executando a reação sob luz ultravioleta, que provoca a fluorescência do EtBr, puderam visualizar e registar a acumulação de ADN com uma câmara de vídeo.

Nicot *et al.* (2005) sugeriram que os estudos sobre o stress das plantas se baseiam cada vez mais na expressão genética. A análise da expressão genética requer medições sensíveis, precisas e reprodutíveis de sequências específicas de ARNm. A RT-PCR em tempo real é atualmente o método mais sensível para a deteção de ARNm de baixa abundância.

Verdejo *et al.* (2008) referiram que a PCR em tempo real se tornou o método de eleição para estudos exactos e aprofundados da expressão de genes candidatos. Para evitar enviesamentos, a PCR em tempo real é referida a um ou vários genes de controlo interno que podem variar entre tratamentos.

2.3.1.2 Tipos de quantificação em tempo real

(A) Quantificação absoluta

A quantificação absoluta utiliza padrões diluídos em série de concentrações conhecidas para gerar uma curva padrão. A curva padrão produz uma relação linear entre o Ct e as quantidades iniciais de ADN total, ARN ou ADNc, permitindo a determinação da concentração de amostras desconhecidas com base nos seus valores de Ct (Heid *et al.*, 1996). Este método pressupõe que todos os padrões e amostras têm eficiências de amplificação aproximadamente iguais (Souaze *et al.*, 1996). Além disso, a concentração das diluições em série deve abranger os níveis nas amostras experimentais e manter-se dentro da gama de níveis quantificáveis e detectáveis com exatidão específicos para a máquina e o ensaio de PCR em tempo real.

(B) Quantificação relativa

A quantificação relativa descreve uma experiência de PCR em tempo real em que o gene de interesse numa amostra (*ou seja*, tratado) é comparado com o mesmo gene noutra amostra (*ou seja,* controlo ou não tratado). Os resultados são expressos em termos de regulação do fold up ou do fold down do gene tratado em relação ao não tratado. Neste tipo de quantificação, é utilizado um gene normalizador (por exemplo, *β-actina, GAPDH, 18SrRNA, ACT1, 25SrRNA*, etc.) como controlo da validade experimental. A quantificação relativa não requer uma curva de calibração ou padrões com concentrações conhecidas e a referência pode ser qualquer transcrito, desde que a sua sequência seja conhecida (Bustin, 2002). As unidades utilizadas para expressar quantidades relativas são irrelevantes e as quantidades relativas podem ser comparadas em várias experiências de RT-PCR em tempo real (Vandesompele *et al.,* 2002). Trata-se de uma ferramenta adequada para investigar pequenas alterações fisiológicas nos níveis de expressão dos genes. Frequentemente, são escolhidos como genes de referência genes constantemente expressos, que podem ser coamplificados no mesmo tubo num ensaio multiplex (como controlos endógenos) ou amplificados num tubo separado (como controlos exógenos) (Witter *et al.,* 2001, Livak, 1997, 2001 e Morse *et al.,* 2005). São óbvias as múltiplas possibilidades de comparar um gene de interesse com um dos seguintes parâmetros. A expressão de um gene pode ser relativa a:

- Um controlo endógeno, por *exemplo,* um gene de referência com expressão constante.
- Um controlo exógeno, por exemplo, um ARN ou ADN de controlo universal e/ou artificial.
- Um índice de genes de referência, por exemplo, constituído por múltiplos controlos

endógenos médios.

> Um índice de genes alvo, *por exemplo*, consistindo na média dos genes de interesse (GOI) analisados no estudo.

2.3.2 Controlo interno / housekeeping ou genes endógenos

Entre a expressão de diferentes tipos de genes, os genes endógenos são constitutivamente expressos para manter as funções celulares, nomeadamente os genes envolvidos nos mecanismos de transcrição e tradução, os genes envolvidos no processo de ligação energética da planta, etc. (Butte, 2001). Uma vez que a expressão dos genes endógenos é sempre estável em diferentes condições e que codificam proteínas constantemente necessárias à célula, estes genes são referidos como genes constitutivamente expressos ou genes de manutenção (Stephen *et al.*, 2001).

A necessidade de controlos internos nestes ensaios resulta de enviesamentos de amostra para amostra relacionados com a variabilidade do teor de ARN total, a estabilidade do ARN, a eficiência enzimática ou a variação da carga da amostra. Para evitar tudo isto, os níveis de expressão medidos são frequentemente normalizados para genes de controlo interno (Hruz *et al.*, 2011). A fim de selecionar um gene de referência adequado para a quantificação relativa de um gene alvo, os seguintes pontos são considerados essenciais para a melhoria das técnicas e ferramentas para o estudo da expressão genética:

a) Nível de expressão não regulado no sistema analisado

O gene de referência não deve estar regulado no tecido ou na amostra em estudo; é necessária uma referência estável e constante para uma normalização exacta.

b) Deteção específica de ARN

Os primers e/ou as sondas de hibridação devem ser cuidadosamente selecionados para evitar a deteção de quaisquer sequências provenientes de vestígios contaminantes de ADN.

c) Nível de expressão semelhante ao do alvo

O número de cópias do gene de manutenção e do gene alvo deve ser semelhante para que as medições possam ser efectuadas na mesma escala linear.

2.3.3 Estudos de validação de genes

Existem dois tipos de problemas associados aos genes de referência, apesar da sua utilização generalizada: a) a sua expressão pode variar consideravelmente em função da condição experimental testada e b) a maioria destes genes tem uma expressão muito forte, resultando frequentemente numa discrepância na abundância de transcrições de várias ordens de grandeza em relação às transcrições do gene alvo que está a ser quantificado. Ambas as fontes de erro podem causar enviesamentos significativos que, em última análise, podem levar a uma interpretação incorrecta dos dados, especialmente nos casos em que é utilizado um único gene para normalização (Hruz *et al.*, 2011).

Vandesompele *et al.* (2002) definiram dois parâmetros para quantificar a estabilidade do gene housekeeping: M (estabilidade média da expressão) e V (variação entre pares). Um valor baixo de M é indicativo de uma expressão mais estável, aumentando assim a adequação de um determinado gene como gene de controlo. O valor V é necessário para uma normalização óptima dos genes. Ilustra os níveis de variação na estabilidade média do gene de referência com a adição sequencial de cada gene de referência à equação (para cálculo do fator de normalização). Começando com os dois genes mais estavelmente expressos à esquerda e movendo-se para a direita com a inclusão de um gene 3rd, 4th, 5th, etc.; conhecido como a "variação V por pares". Com base nos dados da biologia do genoma, 0,15 é um valor-limite, abaixo do qual não é necessária a inclusão de um gene de referência adicional. O valor de 0,15 proposto não deve ser considerado um valor-limite demasiado rigoroso.

Chervoneva *et al.* (2010) referiram que a normalização é importante na análise de PCR em tempo real devido às variações intra e inter-cinéticas da RT-PCR. Essas variações podem ser devidas à diferença na quantidade de material de partida entre as amostras, à diferença na integridade do ARN, à variação do carregamento da amostra de cDNA ou à diferença na eficiência da RT. Um dos métodos mais populares consiste em normalizar a expressão de um gene-alvo em relação aos ARN ribossómicos (ARNr) ou ARN mensageiro (ARNm) de um controlo interno ou gene(s) de referência. Esses genes de referência devem ser expressos em abundância, não ser co-regulados com o gene alvo e ter uma variabilidade inata mínima. A variabilidade de um gene de referência tem duas fontes principais: a variabilidade experimental associada à tecnologia e a variabilidade inata ou natural do gene de referência (entre tecidos, indivíduos, etc.). A abordagem original à normalização consistia em encontrar um único gene de referência com a expressão mais estável (no sentido da menor variabilidade) em todos os tecidos e indivíduos.

1.4 IDENTIFICAÇÃO DE GENES CONSTITUTIVAMENTE EXPRESSOS DURANTE O STRESS DE SECA ATRAVÉS DE RT-PCR (REAL TIME-PCR)

Le *et al.* (2012) identificaram os genes de referência mais adequados para estudos de stress abiótico em soja. 13 genes candidatos recolhidos da literatura foram avaliados quanto à estabilidade da expressão sob tratamentos de desidratação, alta salinidade, frio e ABA (ácido abscísico) utilizando abordagens delta Ct e geNorm. A validação dos genes de referência indicou que os melhores genes de referência dependem do tecido e do stress. No que diz respeito ao tratamento de desidratação, verificou-se que os pares de genes *Fbox/ABC e Fbox/60s* apresentavam a maior estabilidade de expressão nos tecidos da raiz e do rebento das plântulas de soja, respetivamente. Os genes *Fbox* e *60s* são os genes de referência mais adequados nos tecidos desidratados da raiz e do caule. Sob stress salino, o *ELF1b/IDE* e o *Fbox/ELF1b* são os pares de genes mais estavelmente expressos em raízes e rebentos, respetivamente, enquanto *o 60s/Fbox* é o melhor par de genes em ambos os tecidos. Para estudar o stress por frio em raízes ou rebentos, *IDE/60s* e *Fbox/Act27* são bons pares de genes de referência, respetivamente. No que respeita à análise da expressão de genes sob tratamento com ABA em raízes, rebentos ou em todos estes tecidos, *60s/ELF1b, ELF1b/Fbox* e *60s/ELF1b* são os genes de referência mais adequados, respetivamente. A expressão dos genes *ELF1b/60s, 60s/Fbox* e *60s/Fbox* foi mais estável nas raízes, nos rebentos e em ambos os tecidos, respetivamente, sob os vários stresses estudados. Entre os genes testados, o *60s* foi considerado o melhor gene de referência em diferentes tecidos e sob várias condições de stress. Os genes de referência altamente classificados identificados neste estudo demonstraram ser capazes de detetar diferenças subtis nas taxas de expressão que, de outro modo, não seriam detectadas se fosse utilizado um gene de referência menos estável.

Reddy *et al.* (2013) apresentaram estudos de validação de múltiplos genes de referência expressos de forma estável em amendoim cultivado com variações mínimas na expressão temporal e espacial quando sujeito a vários stresses bióticos e abióticos. A estabilidade na expressão de oito genes de referência candidatos, incluindo *ADH3*, *ACT11*, *ATPsyn*, *CYP2*, *ELF1B*, *G6PD*, *LEC* e *UBC1*, foi comparada em diversas amostras de plantas de amendoim. As amostras foram categorizadas em conjuntos experimentais distintos para verificar a adequação dos genes candidatos para uma normalização exacta e fiável da expressão genética utilizando qPCR. A estabilidade na expressão dos genes de referência em oito conjuntos de amostras foi determinada pelos métodos geNorm e NormFinder. Enquanto três genes de referência candidatos, incluindo *ADH3*, *G6PD* e *ELF1B*, foram identificados como sendo expressos de forma estável em todas as experiências, observou-se que *LEC* é o menos estável e, por conseguinte, deve ser evitado para estudos de expressão genética em amendoim. A inclusão dos dois primeiros genes deu resultados suficientemente fiáveis; no entanto, a adição do terceiro gene de referência *ELF1B* pode ser potencialmente melhor num conjunto diversificado de amostras de tecidos de amendoim.

Yao *et al.* (2013) estudaram o feijão Hyacinth (*Lablab purpureus* [Linn.] Sweet) possui excelentes caraterísticas para a produção no campo, mas a resposta desta planta ao stress de seca não foi descrita a nível molecular. A hibridação por subtração com supressão (SSH) é uma forma eficaz de explorar factores-chave para as respostas das plantas ao stress hídrico, envolvidos em actividades transcricionais e metabólicas. Neste estudo, foram geradas bibliotecas de SSH forward e reverse a partir de tecidos radiculares do genótipo de feijão jacinto tolerante à seca MEIDOU 2012 em condições de stress hídrico. Um total de 1.287 unigenes (94 contigs e 1.193 singletons) foi obtido a partir do alinhamento de sequências e da montagem de clusters de 1.400 ESTs, e 80,6% destes foram confrontados com a base de dados não redundante (nr) do NCBI, com um valor E de *1E206*. A análise BLASTX revelou que a maioria das correspondências de topo eram proteínas de *Glycine max* (L.) Merrill. (61.5%). De acordo com a classificação funcional da ontologia genética (GO), 816 unigenes anotados funcionalmente foram atribuídos à categoria de processo biológico (74,1%), 83,9% dos quais classificados como função molecular e 69,2% envolvidos em componentes celulares. Um total de 168 sequências foram ainda anotadas com 207 códigos da Comissão de Enzimas (EC) e mapeadas para 83 vias KEGG diferentes. Dezassete genes funcionalmente relevantes foram considerados sobre-representados sob stress hídrico através da análise de enriquecimento. A expressão diferencial dos unigenes foi confirmada por ensaios quantitativos de PCR em tempo real, e os seus perfis de transcrição dividiram-se geralmente em três padrões, dependendo dos níveis de pico de expressão após 6, 8 ou 10 dias de desidratação, o que indicou que estes genes estão funcionalmente associados à resposta ao stress da seca.

Ammar *et al.* (2016) identificaram genes responsivos à seca em uma variedade de feijão faba tolerante à seca (Hassawi 2) usando uma abordagem de hibridização de subtração supressiva (SSH). Um total de 913 clones diferencialmente expressos foram sequenciados a partir de uma biblioteca de cDNA diferencial que resultou em um total de 225 ESTs diferencialmente expressos. Os genes de origem mitocondrial e cloroplástica foram removidos, e as 137 sequências de ESTs restantes foram submetidas ao banco de dados de ESTs do banco de genes (LIBEST_028448). Uma análise das sequências identificou 35 ESTs potencialmente relacionadas com o stress da seca que regulam canais iónicos, cinases e produção e utilização de energia e factores de transcrição. A PCR quantitativa no genótipo Hassawi 2 confirmou que mais de 65% dos genes selecionados de resposta à seca estavam relacionados com a seca. Entre estes genes induzidos, os níveis de expressão de oito unigenes altamente regulados foram ainda analisados em 38 genótipos de fava selecionados que diferem nos seus níveis de tolerância à seca. Estes unigenes incluíam o gene *da ribulose 1,5-bisfosfato carboxilase (rbcL)*, o gene de *retroelemento não-LTR relacionado com o inverso*, o *provável canal iónico controlado por nucleótidos cíclicos, a polubiquitina, o canal de potássio, a proteína quinase dependente de cálcio* e *a proteína C semelhante à oxidase de explosão respiratória putativa* e um novo unigene. Os padrões de expressão destes unigenes eram variáveis em 38 genótipos, mas verificou-se que eram muito elevados no genótipo tolerante. A regulação positiva destes unigenes na maioria dos genótipos tolerantes sugere o seu possível papel na tolerância à seca.

1.5 AVALIAÇÃO COMPARATIVA DE GENES CONSTITUTIVAMENTE EXPRESSOS DURANTE O STRESS DE SECA ENTRE GENÓTIPOS

Hu *et al.* (2009) realizaram uma avaliação de potenciais genes de referência para a normalização da expressão genética em soja por RT-PCR quantitativo em tempo real. É apresentada uma comparação sistemática de 14 potenciais genes de referência para a soja. Estes incluíam sete genes comummente utilizados (*ACT2, ACT11, TUB4, TUA5, CYP, UBQ10, EF1b*) e sete novos candidatos (*SKIP16, MTP, PEPKR1, HDC, TIP41, UKN1, UKN2*). A estabilidade da expressão foi examinada por RT-qPCR em 116 amostras biológicas, representando tecidos em várias fases de desenvolvimento, tratamentos fotoperiódicos variados e uma gama de cultivares de soja. A expressão de todos os 14 genes foi variável até certo ponto, mas a de *SKIP16, UKN1* e *UKN2* foi globalmente a mais estável. Uma combinação de *ACT11, UKN1* e *UKN2* seria adequada como painel de referência para normalizar dados de expressão de genes entre diferentes tecidos, ao passo que a combinação SKIP16, UKN1 e MTP foi a mais adequada para as fases de desenvolvimento. *ACT11, TUA5* e *TIP41* foram os mais estavelmente expressos quando o fotoperíodo foi alterado, e *TIP41, UKN1* e *UKN2* quando a qualidade da luz foi alterada. Para seis cultivares diferentes em dia longo (LD) e dia curto (SD), a sua estabilidade de expressão não variou significativamente, sendo *ACT11, UKN2* e *TUB4* os genes mais estáveis. O nível de expressão relativa do gene *GmFTL3*, um ortólogo do *FT* (*FLOWERING LOCUS T*) de Arabidopsis, foi detectado para validar os genes de referência selecionados neste estudo. Nenhum dos genes de referência candidatos foi expresso uniformemente em todas as condições experimentais, e os genes de referência mais adequados são condicionais, de desenvolvimento específico do tecido e dependentes da cultivar. A maioria dos novos genes de referência teve um desempenho melhor do que os genes de referência convencionais. Estes resultados devem orientar a seleção de genes de referência para estudos de expressão genética em soja.

Neves-Borges *et al.* (2012) estudaram os mecanismos de tolerância ao estresse hídrico em soja, o que é fundamental para o entendimento e desenvolvimento de variedades tolerantes. Usando análise *in silico*, quatro genes marcadores envolvidos nas vias clássicas ABA-dependente e ABA-independente de resposta à seca foram identificados no genoma *de Glycine max* no presente trabalho. Os perfis de expressão dos genes marcadores *ERD1-like*, GmaxRD20A-like, *GmaxRD22-like* e *GmaxRD29B-like* foram investigados por qPCR em amostras de raízes de cultivares de soja sensíveis e tolerantes à seca (BR 16 e Embrapa 48, respetivamente), submetidas a condições de déficit hídrico em sistemas hidropônicos e em vasos. Dentre os quatro homólogos putativos de soja a genes de Arabidopsis investigados, apenas *GmaxRD29B-like* não foi regulado pelo estresse por déficit hídrico. Foram observados perfis de expressão distintos e diferentes níveis de indução entre os genes, bem como entre os dois sistemas de indução de seca. Os resultados mostraram respostas de expressão de genes contrastantes para os genes *GmaxRD20A-like* e *GmaxRD22-like*. *GmaxRD20A-like* foi altamente induzido por condições contínuas de aclimatação à seca, enquanto as respostas *de GmaxRD22-like* diminuíram após a privação abrupta de água. *GmaxERD1-like* mostrou um perfil de expressão diferente para as cultivares em cada sistema. Por outro lado, os genes *GmaxRD20A-like* e *GmaxRD22-like* apresentaram níveis de expressão semelhantes em plantas tolerantes em ambos os sistemas.

Ma *et al.* (2013) estudaram a estabilidade de expressão de nove genes candidatos de referência amplamente utilizados em soja, que foram avaliados sob diferentes estresses neste estudo. Duas cultivares de soja (*Glycine max* (L.) Merrill) Jidou 7 e Nannong 11382 foram utilizadas neste estudo. A primeira foi utilizada para vários tratamentos e a segunda foi utilizada para preparar inóculos do vírus do mosaico da soja (SMV). As sementes foram germinadas e cultivadas numa estufa com um ciclo de 14 h de luz/10 h de escuridão a uma temperatura constante de 25 ^{0}C e 700 micro mol fótons m^{-2} s^{-1}. O stress de seca foi retirado e as plântulas transferidas para uma solução nutritiva completa contendo 15% de PEG6000. Foram recolhidas amostras de folhas às 0, 2, 4 e 6 horas após o tratamento. Os resultados mostraram que *EFla* e *ACT11 foram* os melhores sob stress de salinidade, *TUB4, TUA5* e *EFla* foram os melhores sob stress de seca, *ACT11* e *UKN2* foram os melhores sob tratamento no escuro, e *EF1B* e *UKN2* foram os melhores sob infeção por vírus. *EF1B* e *UKN2* foram os dois genes de topo que podem ser utilizados de forma fiável em todas as condições de stress avaliadas.

3 MATERIAIS E MÉTODOS

A presente investigação, intitulada **"Avaliação e validação de genes de manutenção para estudos de expressão genética em feijão de cacho [*Cyamopsis tetragonoloba* L. (Taub.)] em condições de stress hídrico"**, foi realizada no Centro de Excelência em Biotecnologia, AAU, Anand e no Departamento de Fisiologia Vegetal, B. A. College of Agriculture, Anand Agricultural University, Anand.

1.6 MATERIAIS EXPERIMENTAIS

Os diferentes materiais experimentais para o presente estudo foram apresentados em subcapítulos.

3.1.1 Coleção de genótipos

Foram recolhidos diferentes genótipos de feijão de cacho na Main Vegetables Research Station, AAU, Anand e no Central Arid Zone Research Institute, Jodhpur, Rajasthan.

Tabela 3.1: Genótipos utilizados no estudo de investigação

N.º Sr.	Número do genótipo	Adesão Número/Genótipo	Fontes
1	G1	IC116865	CAZRI, Jodhpur
2	G2	IC116869	CAZRI, Jodhpur
3	G3	IC421848	CAZRI, Jodhpur
4	G4	IC311417	CAZRI, Jodhpur
5	G5	IC329038	CAZRI, Jodhpur
6	G6	HG1-2-20	CAZRI, Jodhpur
7	G7	IC369860	CAZRI, Jodhpur
8	G8	IC116866	CAZRI, Jodhpur
9	G9	Pusa Navbahar	MVRS, AAU
10	G10	IC6869	CAZRI, Jodhpur

Quadro 3.2: Experiência "Rain out Shelter

Cultura	*Cyamopsis tetragonoloba* L.
Ano	2017-2018
Conceção	Desenho completamente aleatório
Repetição	3 (Três)
Espaçamento	45 cm X 10 cm
Adubos e fertilizantes	Conforme a dose recomendada
Época	*Quaresma*

1.7 MÉTODOS

1.7.1. Germinação de plântulas

As sementes de feijão de cacho foram semeadas em três repetições nas instalações do Rain out Shelter, Departamento de Biotecnologia Agrícola, AAU, Anand.

1.7.2. Material vegetal, condições de crescimento e tratamento de stress

A seca foi imposta a 50% da floração através da retirada da irrigação. Para a avaliação dos parâmetros fisiológicos, foram coletadas amostras de folhas logo após a aplicação do estresse natural de seca por 15 quinze dias.

Quadro 3.3: Pormenores dos tratamentos utilizados no abrigo Rain out

Desde a germinação até 50% da floração, a irrigação foi dada para o crescimento saudável das plantas, de acordo com as práticas agronómicas gerais.

N.º Sr.	Tratamento	Detalhes
1	**T_0 Controlo**	**Irrigação normal** (foi administrada regularmente)
2	**T1 Seca stress**	**Retirada da rega** (após 50% de floração durante 15 dias)

3.3 MATERIAIS DE LABORATÓRIO

3.3.1. Produtos químicos, tampões e reagentes

Todos os produtos químicos e reagentes finos utilizados nas experiências eram de grau molecular e analítico, obtidos de fabricantes de referência, como Applied Biosystems, Sigma, Amresco, Fermentas, Himidia, Sigma-Aldrich, ThermoFisher Scientific, Merck e Qualigenes.

3.3.2. Artigos de vidro e reagentes

Todos os artigos de vidro e de plástico foram obtidos de Borosil, Borosilicate ou Schott Duran e Axygen ou Eppendorf, Tarsons Ltd. respetivamente. Todos os utensílios de vidro foram limpos com detergente de laboratório (Fine Chem. Pvt. Ltd., Biosar), lavados com água da torneira e finalmente enxaguados com água destilada.

Os objectos de vidro foram secos na estufa antes de serem utilizados. Todos os artigos de plástico, como pontas de micropipetas, tubos de PCR, tubos de centrifugação e tubos eppendorf e reagentes utilizados no estudo, foram tratados com clorofórmio e autoclavados antes da utilização e armazenados de acordo com as suas necessidades. Os artigos de plástico utilizados no termociclador e no trabalho de RT-PCR eram compatíveis com o trabalho de biologia molecular.

3.3.3. EQUIPAMENTOS E INSTRUMENTOS UTILIZADOS

Instrumentos/Equipamentos	**:Fabricante**
Autoclave	: Mediquip
Microscópio Composto	: Olympus, EUA.
Congelador (-20 ^{0}C)	: Vest frost, Reino Unido.
Congelador (-80 ^{0}C)	: Vest frost, Reino Unido.
Unidade de destilação	: Millipore
Máquina de documentação em gel	: Bio-Rad, EUA.
Forno de ar quente (Modelo-NV 858/859)	: Nova Instruments Pvt. Ltd, Ahmadabad, Índia
Máquina de descascar gelo	: Icetronic, África do Sul

nstrumentos/Equipamentos	**:Fabricante**
LI-3100C Medidor de área foliar	: LI-COR Ambiental
Micropipetas	: Finn pipette Lab. System, Finlândia : LG India
Forno micro-ondas	Ltd., Índia
Nenodrop® ND-1000	: Nenodrop Technologies, INC., EUA.
PCR em tempo real: Bio-Rad CFX96	: Bio-Rad, EUA.
Centrífuga refrigerada	: Sigma, EUA.
Medidor SPAD	: Spectrum Tech, Inc.
Termociclador: Gene Amp® PCR System 9700: Applied Biosystems, EUA.	
Banho-maria com agitador	: Nova, Cintex.
Balança de pesagem	: BP 210 D, Sartorius, Alemanha

3.4 . Seleção de genótipos com base em parâmetros fisiológicos

Para selecionar genótipos sob stress hídrico, foram comparados parâmetros fisiológicos para identificar genótipos altamente tolerantes e altamente susceptíveis à seca entre os dez genótipos.

3.4.1. Peso seco da folha (gm)

O peso seco das folhas (MS) foi medido após secagem em estufa (NOVA micro-ondas) a 50 ^{0}C durante uma noite, e o peso saturado foi medido após incubação das folhas em água durante 6 horas em placas de Petri à temperatura ambiente no escuro.

3.4.2. Teor relativo de água (RWC %)

O conteúdo relativo de água (RWC) nas folhas foi determinado para o tratamento de seca e foi calculado de acordo com Barrs e Weatherly (1962):

RWC (%) = [(peso fresco - peso seco) / (peso saturado - peso seco)] X 100

3.4.3. Estimativa do teor de clorofila total em percentagem (SCMR-SPAD Chlorophyll Meter Reading)

O teor de clorofila total foi obtido pelo medidor SPAD (soil plant analytical development), no qual a terceira posição superior das folhas selecionadas de cada réplica de uma planta selecionada aleatoriamente de manhã no local da parcela de investigação. As leituras do medidor SPAD reflectem o teor de clorofila por unidade de área foliar, referido como ChlD. O SCMR é um indicador das caraterísticas de transmissão de luz fotossinteticamente ativa da folha, que depende da quantidade de clorofila por unidade de área foliar (ChlD) (Richardson *et al.* 2002).

3.4.4. Área foliar (cm^2)

A área foliar foi medida a partir de plantas selecionadas aleatoriamente em cada repetição, tanto da amostra de controlo como da amostra de seca. A terceira folha tripla do topo foi recolhida para medir a área foliar com a ajuda do medidor de área foliar no departamento de Fisiologia Vegetal, BACA, AAU.

3.4.5. Número de estomas por unidade de superfície

O número total de estomas por unidade de área foi contado a partir do lado inferior da terceira posição superior da folha de cada réplica de plantas selecionadas aleatoriamente. As camadas laterais inferiores foram observadas em câmara melhorada de Neubauer (0,0625 mm^2) em Microscópio. (Bastidas, 2013).

3.5 ESTUDOS DE EXPRESSÃO GENÉTICA RELATIVA

3.5.1 Materiais de laboratório de ARN

3.5.1.1. Reagentes, artigos de vidro e artigos de plástico

Todos os produtos químicos e reagentes utilizados na presente investigação eram de qualidade extra pura ou de grau de biologia molecular, que foram adquiridos a várias empresas de biotecnologia. Todas as vidrarias utilizadas no estudo foram limpas com detergente de laboratório (Fine Chem. Pvt. Ltd., Biosar), lavadas com água da torneira e finalmente enxaguadas com água destilada. Os vidros foram secos numa estufa antes de serem utilizados. Todos os artigos de plástico, como pontas de micropipetas, tubos de PCR, tubos de centrifugação e tubos eppendorf, foram tratados com água DEPC (dietilpirocarbonato) (0,1%) e autoclavados antes da utilização.

3.5.1.2. Recolha de amostras

Foram recolhidas folhas e raízes de amostras de controlo e de amostras tratadas com seca de ambos os genótipos selecionados, que foram selecionadas com base em parâmetros fisiológicos, para o estudo do padrão de expressão de genes de manutenção. Estas foram lavadas com água destilada e secas em papel absorvente. Em seguida, as amostras foram armazenadas em RNA posterior a -80 ^{0}C para isolamento do RNA (Chang *et al.,* 1993).

Assim, o total de oito amostras para isolamento de ARN é apresentado no quadro 3.4.

Tabela 3.4: Genótipos seguintes com tratamento de controlo e de seca para recolha de amostras

N.º Sr.	Genótipo	Tratamentos	Amostras de tecidos para isolamento do ARN total
1	Pusa Navbahar	Para controlar	Folha(H)
2			Raiz (I)
3		T1 Seca	Folha (E)
4			Raiz (F)
5	IC369860	T_0 Controlo	Folha (L)
6			Raiz (M)
7		T1 Seca	Folha (J)
8			Raiz (K)

Quadro 3.5: Preparação do tampão de extração de ARN

Composição do tampão	Quantidade
10% SDS	100 ul
3 M NaOAc	1000 ul
0,5 M EDTA	200 ul
Fenol saturado Tris HCl	3,7 ml
Água sem nuclease	5 ml
Total	10 ml

Tabela 3.6: Preparação de produtos químicos para o isolamento do ARN

N.º Sr.	Solução	Método de preparação
1	Clorofórmio	Pronto a utilizar, de qualidade biotecnológica.
2	Álcool isopropílico	Pronto a utilizar, de qualidade biotecnológica.
3	75% Etanol, 500 ml	75 ml de etanol misturados com 25 ml de água destilada. Introduzir no frasco de reagente e armazenar a 4 ^{0}C.
4	Água da DEPC	0,1% v/v (0,1 ml adicionados a 100 ml de água destilada) Mantido durante 2 horas à temperatura ambiente (37 ^{0}C) no agitador. Autoclavado e pronto a utilizar.

3.5.2 Isolamento do ARN total

A extração de ARN puro e intacto é um pré-requisito para o estudo da expressão genética relativa, pelo que foi padronizado um protocolo do método de extração com fenol-clorofórmio (Ghawana *et al.*, 2011) para o mesmo, que foi realizado como se segue, com os seguintes requisitos representados na tabela 3.5 e na tabela 3.6.

3.5.2.1. Protocolo de isolamento do ARN

1. O ARN total foi isolado a partir de 300 mg de tecidos de folhas e raízes das amostras de controlo e tratadas. Ambas as amostras foram trituradas (*aprox.* 15-20 min) num almofariz e pilão previamente arrefecidos até se obter um pó fino em azoto líquido, separadamente.
2. Foram adicionados 2 ml de tampão de extração e 1000 µî de água DEPC e esmagados durante cerca de 15 min. Deixou-se repousar para descongelação (homogeneização do tecido) tapando com folha de alumínio. (Nota: colocar o tubo na horizontal para maximizar a área de superfície durante a extração de ARN).
3. A amostra foi colocada num frasco com água tratada com DEPC (2 ml) e centrifugada a

13000 rpm durante 10 minutos a 4 ^{0}C para remover materiais extracelulares. Em seguida, o sobrenadante foi transferido para novos tubos (2 ml) utilizando pontas cortadas.

4. Foi adicionado um volume de 200 µl de clorofórmio por 2 ml de tampão de extração.
5. Misturou-se vigorosamente durante 15 segundos e deixou-se incubar durante 10 minutos em gelo.
6. Centrifugou-se a 13000 rpm durante 15 minutos a 4 ^{0}C para separação de fases.
7. Transferir o sobrenadante para um novo frasco e adicionar 1/6 ^{um} volume de álcool isopropílico. Incubar durante 10 minutos em gelo.
8. Centrifugou-se a 13000 rpm durante 10 minutos a 4 ^{0}C para obter pellets.
9. O sobrenadante foi decantado tendo o cuidado de não perder o sedimento e foi adicionado ao sedimento 1 ml de etanol a 75% (diluído com água tratada com DEPC a 0,1%).
10. Centrifugou-se a 7500 rpm durante 5 minutos à temperatura de 4 ^{0}C.
11. O sobrenadante foi rejeitado e o sedimento foi seco ao ar e depois dissolvido em 30 gl de água DEPC 0,1%.
12. O pellet foi incubado durante 10 min. a 55 ^{0}C.
13. A concentração de ARN foi avaliada por nanodrop e armazenada a -80 ^{0}C.

3.5.3 Avaliação qualitativa e quantitativa do ARN total extraído de amostras de folhas e raízes

3.5.3.1. Avaliação qualitativa e quantitativa de amostras de raízes e folhas utilizando NanoDrop

Para estimar a quantidade e a qualidade (em termos de contaminação por proteínas e DNA) do RNA isolado, foi realizada espetrofotometria e os dados foram analisados usando o software N.D. (V.3.3.0). A amostra de RNA (2 µĩ) foi carregada no poço do Nanodrop Spectrophotometer (Thermo Scientific, U.S.A.) e a concentração de RNA e a absorbância a 260 nm e 280 nm foram medidas e a razão A260/A280 foi calculada automaticamente pelo software. Apenas as amostras de ARN com rácios A260/A280 e A260/A230 entre 1,9 e 2,2 e entre 2 e 2,3, respetivamente, foram posteriormente utilizadas.

3.5.3.2. Eletroforese em gel de agarose para verificar a integridade do ARN total isolado

A qualidade do ARN foi avaliada por eletroforese num gel de agarose desnaturante, que forneceu algumas informações sobre o rendimento do ARN. Sugere-se um sistema de gel desnaturante porque a maior parte do ARN forma uma estrutura secundária extensa através do emparelhamento de bases intra-moleculares, o que o impede de migrar estritamente de acordo com o seu tamanho.

3.5.3.3. Materiais para eletroforese em gel de agarose

Todas as soluções de carregamento em gel da Ambion são rigorosamente testadas quanto à atividade de endonuclease não específica, à atividade de exonuclease, à atividade de RNase e à funcionalidade.

Quadro 3.7: Preparação de produtos químicos para a eletroforese em gel de agarose do ARN total

Produtos químicos	Conteúdo por composição
Tampão de carregamento de gel II - PAGE desnaturante	Uma solução 1-2X de 95% de formamida, 18 mM de EDTA e 0,025% de SDS, xileno cianol e azul de bromofenol.

Solução de carregamento de gel - agarose nativa para todos os fins	Uma solução 10X de 40% de sacarose, 0,17% de xileno cianol e 0,17% de azul de bromofenol.

Corante de carga de formaldeído: Esta solução de corante de formaldeído pronta a utilizar é adicionada à amostra de ARN (3 partes de solução: 1 parte de amostra) e aquecida brevemente. As amostras estão então prontas para serem carregadas. Se pretendido, pode ser adicionado brometo de etídio às amostras.

3.5.3.4. Protocolo para eletroforese em gel de agarose com formaldeído desnaturado

1. Preparar o gel.

- Aquecer 1 g de agarose em 72 ml de água até dissolver e arrefecer a 60°C.
- Adicionar 10 ml de tampão de corrida MOPS 10X e 18 ml de formaldeído a 37% (12,3 M).

ADVERTÊNCIA: O formaldeído é tóxico por contacto com a pele e inalação de vapores. As manipulações que envolvam formaldeído devem ser efectuadas num exaustor químico.

o Tampão de funcionamento MOPS 10X:

J 0,4 M MOPS, pH 7,0

J M acetato de sódio

J M EDTA

- Verter o gel utilizando um pente que forme poços suficientemente grandes para acomodar pelo menos 25 µl.
- Montar o gel na cuba e adicionar tampão de corrida 1X MOPS suficiente para cobrir o gel em alguns milímetros. Em seguida, retirar o pente.

2. Preparar a amostra de ARN.

a. A 1-3 µg de ARN, adicionar 0,5-3X volumes de Formaldehyde Load Dye.

- Para verificar simplesmente o ARN num gel desnaturante, pode ser utilizado um pouco de 0,5X de Formaldehyde Load Dye, mas para desnaturar completamente o ARN, por *exemplo*, para Northern blots, utilizar volumes de 3X de Formaldehyde Load Dye.
- O brometo de etídio pode ser adicionado ao corante de carga de formaldeído a uma concentração final de 10 µβ/ml. Alguns marcadores de tamanho podem exigir significativamente mais do que 10 µβ/ml de brometo de etídio para visualização. No entanto, para quantificar com precisão o ARN, é importante utilizar a mesma quantidade de brometo de etídio em todas as amostras (incluindo o marcador de tamanho) porque a concentração de brometo de etídio afecta a migração do ARN nos géis de agarose.

b. O calor desnatura as amostras a 65-70 ^{0}C durante 5-15 min.

- A desnaturação durante 5 min é tipicamente suficiente para avaliar simplesmente o ARN num gel, mas recomenda-se uma desnaturação de 15 min quando se utiliza o ARN para um Northern blots. A incubação mais longa pode ser necessária para desnaturar completamente o ARN.

3. Eletroforese

- Carregar o gel e eletroforese a 5-6 V/cm até que o azul de bromofenol (o corante de migração mais rápida) tenha migrado pelo menos 2-3 cm para o interior do gel, ou até 2/3 do comprimento do gel.

4. Resultados

- Visualizar o gel num transiluminador UV. (Se o brometo de etídio não tiver sido adicionado

ao corante de carga de formaldeído, o gel terá de ser pós-corado e descolorado).
O ARN total intacto obtido num gel desnaturante apresentará bandas nítidas de 28S e 18S rRNA (amostras eucarióticas).
Este rácio 2:1 (28S:18S) é uma boa indicação de que o ARN está intacto. O ARN completamente degradado aparecerá como um esfregaço de peso molecular muito baixo.

3.5.4 Síntese de cDNA

Foi efectuado um protocolo de RT-PCR quantitativo de dois passos, em que a transcrição inversa e a amplificação do cDNA mediada por PCR foram efectuadas em passos subsequentes em tubos separados. O protocolo de dois passos foi preferido quando se utilizou SYBR green como corante de deteção, porque diminui a formação indesejada de dímeros de primers (Wong e Medrano, 2005). O cADN foi sintetizado a partir de ^g de ARN total utilizando o kit de síntese de cADN iscript (biorad), de acordo com as instruções do fabricante indicadas na tabela 3.8 e na tabela 3.9.
O kit de síntese de cDNA iScript oferece uma solução sensível e fácil de utilizar para a PCR quantitativa de transcrição inversa em duas fases (RT-qPCR). Este kit inclui três tubos, que contêm todos os reagentes necessários para uma transcrição inversa bem sucedida. Este kit deve ser armazenado a -20 ^{0}C. A Transcrição Reversa iScript era RNase H+, o que proporcionou uma maior sensibilidade do que as enzimas RNase H em qPCR.
A iScript foi uma transcriptase reversa modificada do vírus da leucemia murina de Moloney (MMLV), optimizada para a síntese fiável de cDNA numa vasta gama dinâmica (100 fg - 1 µg) de ARN total de entrada. A enzima foi fornecida previamente misturada com um inibidor de RNase.
A mistura única de oligo (dT) e primers de hexâmeros aleatórios na mistura de reação iScript funciona excecionalmente bem com uma grande variedade de alvos. Esta mistura foi optimizada para a produção de alvos com <1 kb de comprimento. O iScript cDNA Synthesis Kit produziu excelentes resultados tanto em tempo real como em RT-qPCR padrão.

Tabela 3.8: Componentes e respectivos volumes utilizados com o Kit de Síntese de cDNA iScript

Componente	**Foi utilizado o volume por reação, (µ!)**
Mistura de reação iScript 5X	4
Transcriptase reversa iScript	1
Água sem Nuclease	Variável
Modelo de ARN (100 fg-1 µg de ARN total)	Variável
Volume total	**20**

Quadro 3.9: Protocolo de reação do kit de síntese de cDNA iScript

Incubar a mistura completa da reação num termociclador utilizando o seguinte protocolo:

Preparação	5 min a 25 0C
Transcrição reversa	20 mm a 46 0C
Inativação de RT	1 min a 95 0C
Etapa opcional	Manter a 4 0C

3.5.4.1. diluição do cDNA

O cADN preparado foi diluído em 200 µî de água sem nuclease para o rastreio de primers (diluição 1:10). A quantidade máxima da reação de cDNA recomendada para a PCR a jusante é um décimo do volume da reação, tipicamente 2 gl.

Tabela 3.10: Lista de iniciadores utilizados no presente estudo

Primer n.º	Gene Nome	Sequência	Sequência do iniciador 5' a 3'	Comprimento do amplicão (bp) nas fontes	Fontes de genes
P1	*EFla*	F	GAGAGGTCCACCAACCTTGA	103	Sinha *et al.*, 2015 em Feijão bóer
		R	TTGTAGACGTCCTGCAATGG		
P2	*UBQ10*	F	CCAGACCAGCAGAGGTTGAT	102	
		R	GATCTGCATACCTCCCCTCA		
P3	*GAPDH*	F	ATGGCATTCCGTGTTCCTAC	95	
		R	CCTTCAACTTGCCCTCTGAC		
P4	*18SrRNA*	F	CCACTTATCCTACACCTC	102	
		R	ACTGTCCCTGTCTCTACTATCC		
P5	*25SrRNA*	F	ACCCTTTTGTTCCACACGAG	107	
		R	GACATTGTCAGGTGGGGAGT		
P6	*TUB6*	F	GCCCTGACAACTTCGTCTTC	100	
		R	GCAGTTTTCAGCCTCTTTGC		
P7	*ACT1*	F	GGCATACATTGCCCTTGACT	97	
		R	GAACCTCGGGACATCTGAAA		
P8	*IF4a*	F	GCCGAGATCACACAGTCTCA	95	
		R	ACCACGAGCCAAAAGATCAG		
P9	*UBC*	F	CGAGAAAAGGCAGTTGATCC	105	
		R	CAGAAAAGGCAAGCTGGAAC		
P10	*HSP90*	F	TGTCGAGCAAGAAGACGATG	103	
		R	GGGCAGTTTCAAAGAGCAAG		
P11	*ACT1*	F	GCCTGATGGACAGGTGATCAC	62	Garg *et al.*, 2010 em Grão-de-bico
		R	GGAACAGGACCTCTGGACATCT		
P12	*EFla*	F	TCCACCACTTGGTCGTTTTG	64	
		R	CTTAATGACACCGACAGCAACAG		
P13	*GAPDH*	F	CCAAGGTCAAGATCGGAATCA	65	
		R	CAAAGCCACTCTAGCAACCAAA		
P14	*IF4a*	F	TGGACCAGAACACTAGGGACATT	60	
		R	AAACACGGGAAGACCCAGAA		
P15	*TUB6*	F	CGTAAAGAAGCCGAAAATTGTGA	61	
		R	CTCCAAGCGAGTGGCATACTT		
P16	*UBC*	F	TTGCTTTGATGGCTCATCCA	64	
		R	CGCAGAAGATTACCTGAATCACA		
P17	*UBQ5*	F	TCACCCTCGAGGTGGAGTCT	60	
		R	TGTCTTGGATCTTTGCTTTGACA		
P18	*UBQ10*	F	CCTCGCTGATTACAACATCCAG	88	

		R	CAAGGTCTTCACACAAATCTGCATA		
P19	*18SrRNA*	F	ACGTCCCTGCCCTTTGTACACAC	61	
		R	CACTTCACCGGACCATTCAAT		
P20	*25SrRNA*	F	AAAACAAAGCATTGCGATGGT	60	
		R	GCACTGGGCAGAAATCACATT		
P21	*HSP90*	F	GCAGCATGGCTGGTTACATGT	63	
		R	TGATGGGATTCTCAGGGTTGA		
P22	*ACT11*	F	ATTTTGACTGAGCGTGGTTATTCC	126	Ma *et al.*, 2013 em Soja
		R	GCTGGTCCTGGCTGTCTCC		
P23	*TUA5*	F	TGCCACCATCAAGACTAAGAGG	103	
		R	ACCACCAGGAACAACAGAAGG		
P24	*CYP*	F	ACGACGAAGACGGAGTGG	130	
		R	CGACGACGACAGGCTTGG		
P25	*EF1B*	F	CCACTGCTGAAGAAGATGATGATG	134	
		R	AAGGACAGAAGACTTGCCACTC		
P26	*TUA4*	F	CATACCCTAGAATCCATTTC	156	
		R	TGTACTTTCCGTGACGAG		
P27	*TUB4*	F	TGGCGTCCACATTCATTG	137	
		R	GAACTCCATCTCGTCCAT		
P28	*EF1a*	F	GACCTTCTTCGTTTCTCGCA	162	
		R	CGAACCTCTCAATCACACGC		
P29	*ACT2/7*	F	CTTCCCTCAGCACCTTCCAA	119	
		R	GGTCCAGCTTTCACACTCCAT		
P30	*ACT11*	F	ATCTTGACTGAGCGTGGTTATTCC	126	Hu *et al.*, 2009 em Soja
		R	GCTGGTCCTGGCTGTCTCC		
P31	*CYP*	F	ACGACGAAGACGGAGTGG	130	
		R	CGACGACGACAGGCTTGG		
P32	*EF1B*	F	CCACTGCTGAAGAAGATGATGATG	134	
		R	AAGGACAGAAGACTTGCCACTC		
P33	*TUA5*	F	TGCCACCATCAAGACTAAGAGG	103	
		R	ACCACCAGGAACAACAGAAGG		
P34	*ACT11*	F	ATGCTAGTGGTCGTACAACTGG	108	Reddy *et al.*, 2013 in Amendoim
		R	CTAGACGAAGGATAGCATGTGG		
P35	*ADH3*	F	GCTTCAAGAGCAGGTCACAAGT	143	
		R	GAGACATCCTCCTTCGTGCATA		
P36	*ATPsyn*	F	AGGCAAACTTGCTCTCAGAGTC	151	
		R	ATCATAGCCTCAGCGCCAAGAT		
P37	*CYP2*	F	GCTCCAAGTTTGCCGATGAGAA	161	
		R	AACAACTTGGCCGAACACCA		
P38	*ELF1B*	F	AAGCTTCCCTGGCAAAGCTCAA	153	
		R	TTCCTCAGCTGCCTTCTTATCC		
P39	*G6PD*	F	ACCATTCCAGAGGCTTATGAGC	151	
		R	AAGGGAGTGACTTGAACTCTCC		
P40	*LEC*	F	TCCAAGCACAGTTCAGCTTCGT	148	

		R	TTCTGGGCAGTTTGAGGGTCAA		
P41	*UBC1*	F	TTAAAGAGCAATGGAGCCCTGC	149	
		R	ATACTTCTGTGTCCAGCTGCGT		
P42	*ACT11*	F	CGGTGGTTCTATCTTGGCATC	142	Le *et al.*, 2012 em Soja
		R	GTCTTTCGCTTCAATAACCCTA		
P43	*ACT27*	F	CTTCCCTCAGCACCTTCCAA	119	
		R	GGTCCAGCTTTCACACTCCAT		
P44	*CYP2*	F	CGGGACCAGTGTGCTTCTTCA	154	
		R	CCCCTCCACTACAAAGGCTCG		

3.5.5 Seleção do iniciador

Os primers foram selecionados a partir de diferentes genes de manutenção (housekeeping genes) anteriormente referidos noutros estudos de investigação sobre leguminosas (quadro 3.10). Os iniciadores amplificáveis de genes endógenos foram selecionados após rastreio com cDNA através de diferentes gradientes de temperatura de recozimento por PCR e a validação foi efectuada utilizando PCR quantitativa em tempo real.

3.5.5.1. Seleção de iniciadores por PCR

O stock de primers foi preparado em concentrações de 100 pmol utilizando 0,3 X tampão TE (Himedia, pH-8,00) e foi posteriormente diluído em concentrações de 10 pmol para o rastreio de primers e o trabalho de RT-PCR. O rastreio de iniciadores para identificação de controlo interno/genes endógenos adequados foi efectuado através de condições de termociclagem da PCR (Quadro 3.12).

O par de primers foi amplificado com o componente de reação PCR com o modelo de cDNA (Quadro 3.11) em ambos os genótipos e a intensidade dos dímeros de primers foi verificada em eletroforese em gel. Os pares de iniciadores que mostraram uma banda específica e única do tamanho esperado na análise do gel foram selecionados para validação de genes de manutenção em qRT-PCR.

Tabela 3.11: Mistura de reação de PCR para o rastreio de primers

Sr.	**Componentes PCR**	**Volume por poço**
1	Mistura principal (2X)	5.0 pl
2	Primário de avanço	0,3 pl
3	Primário inverso	0,3 pl
4	cDNA	1.3 pl
5	Água de grau PCR	3.1 pl
Total	**Total**	**10.0 Щ**

Tabela 3.12: Condições de termociclagem para o rastreio de iniciadores

N.º Sr.	**Etapa**	**Temperatura (°C)**	**Duração**
1.	Desnaturação inicial	94	5 min.
2.	Desnaturação	94	40 s
3.	Recozimento	_* TA	30 s
4.	Extensão	72	50 s
		Repetir os passos 2 a 4 para 40 ciclos	
5.	Extensão final	72	10 min.
6.	Manter	4	да

* = De acordo com o teor de GC dos iniciadores e as temperaturas de gradiente

correspondentes

3.5.5.2. Eletroforese em gel para rastreio de iniciadores

Reagentes / produtos químicos:

(a) Agarose (tipo baixo EEO, Bangalore Genei, Índia)
(b) 1 X Tris Borato EDTA (TBE), pH 8,0 (Amresco)
(c) Brometo de etídio (1 mg/ml)
(d) Escada de ADN de 100 pb (Bangalore Genei)
(e) Escada de ADN de 50 pb (Bangalore Genei)
(f) Corante de carregamento do gel (6X) (Fermentas, EUA)

Quadro 3.13: Preparação de tampões e soluções para eletroforese em gel

Brometo de etídio (10 mg/ml)	Adicionou-se 1 g de brometo de etídio a 100 ml de água bidestilada e dissolveu-se corretamente. Envolveu-se o recipiente em folha de alumínio ou transferiu-se a solução para um frasco escuro e armazenou-se à temperatura ambiente ou a 4 ^{0}C.
Tampão TBE 5X (1 litro) pH 8,0	Foram tomados 54,5 g de base tris, 27,5 g de ácido bórico (biogénico) e foram adicionados 20 ml de EDTA 0,5 M (pH 8,0). O volume final de 1 litro foi ajustado pela adição de água destilada e o pH foi ajustado para 8,0.

Todos os produtos de RT-PCR foram colocados em gel de agarose a 2,5% contendo 2,5 µï de brometo de etídio (1 mg/ml). O produto de PCR (9 µï e 1 µl de corante de carga 6X) e o cDNA (4 µl e 1 µl de corante de carga 6X) foram carregados no poço. O gel foi executado a 5 V/cm (distância medida entre eléctrodos) de corrente (constante) para separar as bandas amplificadas. O marcador de ADN padrão de 100 ou 50 bp (Bangalore Genei) 3,0 µl também foi corrido juntamente com as amostras. As bandas separadas foram marcadas e documentadas num transiluminador UV utilizando um sistema de documentação em gel (Bio-Rad, Califórnia).

3.5.6 Validação da expressão diferencial de genes de manutenção associados à seca utilizando PCR quantitativa em tempo real

3.5.6.1. Ensaio de PCR em tempo real

As reações de PCR foram realizadas em placas de 96 poços (Bio-Rad, Califórnia) usando a química de deteção SYBR Green para detetar a síntese de dsDNA. A amplificação foi realizada num volume final de reação de 20 µï contendo 1X Fast Power SYBR Green PCR master mix, 10 pmol de cada primer forward e reverse específico de cada gene e 2µï de cDNA template. O protocolo de PCR foi concebido para 40 ciclos.

Os sinais de fluorescência foram medidos uma vez em cada ciclo no final do passo de extensão. Foram utilizadas três réplicas biológicas para cada amostra na análise de PCR em tempo real e três réplicas técnicas.

Para cada gene de interesse, foram utilizados controlos negativos e positivos. O ARN transcrito inverso foi utilizado como controlo positivo. O controlo negativo (NTC) foram as amostras às quais não foi adicionado cDNA. Para cada amostra, foi gerada uma curva de fusão após a conclusão da amplificação e analisada em comparação com os controlos negativo e positivo, para determinar a especificidade da reação de PCR.

3.5.6.2. Componentes utilizados para a PCR em tempo real

1) KAPA SYBR FAST qPCR MASTER MIX (2X) Universal
2) Água sem nuclease (Fermentas)

3) Primers (10 pmoles) MWG

4) Modelo de cDNA (utilizado diretamente da mistura de reação da preparação baseada no kit iScript) Quadro 3.14: Mistura de reação RT-PCR

N.º Sr.	Componentes PCR	Volume por poço
1	KAPA SYBR FAST qPCR Master Mix (2X)	10.0 gl
2	Primário para a frente (10 μM)	00.5 gl
3	Primário inverso (10 μM)	00.5 gl
4	cDNA	02.0 gl
5	Água de grau PCR	07.2 gl
	Volume total	**20.0 Щ**

Uma vez que o trabalho de quantificação foi efectuado com um corante SYBR green não específico, pode dar origem a falsos positivos. Por conseguinte, é necessário efetuar a deteção de dímeros específicos do produto de amplificação e do iniciador em cada poço (Ririe *et al.*, 1997). Por conseguinte, após 40 ciclos, foi efectuada uma análise da curva de fusão (uma leitura de fluorescência a cada 0,3 ^{0}C) para verificar a especificidade das amplificações.

A reação foi utilizada em RT-PCR (Tabela 3.14) e os parâmetros de ciclagem são apresentados na Tabela 3.15.

Tabela 3.15: Condições de termociclagem RT-PCR

N.º Sr.	Etapa	Temperatura (^{0}C)	Tempo (segundos)
1	Manutenção	94	05 s
2	Ciclismo	94	10 s
3	Recozimento	54	30 s
4	Extensão	72	15 s
	Repetir os passos 2 a 4 para 40 ciclos		
5	Extensão final	60	35 s

3.6 ANÁLISE DE DADOS ATRAVÉS DE DIFERENTES PROGRAMAS ESTATÍSTICOS

3.6.1. software geNorm

O algoritmo geNorm utiliza a exclusão gradual dos genes menos estáveis, com base no valor médio da estabilidade de expressão (M) que é indiretamente proporcional à estabilidade dos genes, *ou seja,* quanto mais baixo for o valor M, maior será a estabilidade dos genes. Por conseguinte, o algoritmo geNorm fornece um par de genes housekeeping ideais com rácios de expressão idênticos, independentemente das condições.

3.6.2. Software NormFinder

O NormFinder é um algoritmo de modelação matemática baseado em Excel para determinar o valor de estabilidade da expressão do gene e para identificar os genes de referência estáveis com base na variação intra e intergrupos entre os genes testados.

A classificação dos genes obtida através da utilização do geNorm e do NormFinder pode fornecer resultados diferentes, uma vez que funcionam com algoritmos diferentes.

3.6.3. Software GeneEx

GenEx é um software popular para o processamento e análise de dados qPCR. Construído de forma modular, o GenEx fornece uma multiplicidade de funcionalidades para a comunidade qPCR, desde a gestão básica da edição de dados de PCR em tempo real até à análise avançada de dados de ponta. A parte mais importante das experiências de qPCR é, sem dúvida, o pré-processamento dos dados brutos para a realização de análises estatísticas subsequentes. O pré-processamento pode ser efectuado de forma consistente, na ordem correta e com confiança.

A interface simplificada e de fácil utilização do GenEx standard garante um manuseamento de dados sem erros e as poderosas ferramentas de apresentação permitem ilustrações profissionais mesmo das concepções experimentais mais complexas. O manuseamento das amostras e a biologia individual das amostras contribuem frequentemente para confundir a variabilidade experimental. Utilizando a nova função ANOVA aninhada do GenEx, é possível avaliar as contribuições da variância de cada etapa do procedimento experimental. Com um bom conhecimento das contribuições da variância, pode selecionar-se um número adequado de réplicas experimentais para minimizar a variância de confusão e maximizar o poder do desenho experimental!

GenEx facilita o pré-processamento de dados. Existem opções para calibrar amostras com calibradores interpolados, várias formas de lidar com dados em falta e pode corrigir dímeros e eficiências de PCR. As amostras também podem ser normalizadas em relação a genes de referência ou amostras de referência, às quantidades de amostra ou a um pico. Se tiverem sido efectuadas réplicas técnicas, o valor normalizado também. O GenEx Standard é frequentemente suficiente quando apenas um gene é estudado de cada vez. Pode ser utilizado, por exemplo, em bioquímica ou no diagnóstico de infecções.

3.6.4. Software de gestão CFX

No gestor CFX, a análise de clustergrama mostrou o padrão de expressão semelhante por amostras e genes com análises de dendograma de cluster. O gráfico de dispersão comparou as amostras de controlo com o tratamento de seca e o gráfico de vulcão analisou o valor de P para a expressão dos genes.

A expressão dos genes foi avaliada pelo método $2^{-\Delta\Delta\wedge}$ (Livak, 2001) dados de valores analisados pelo gestor CFX concebido para realizar a quantificação relativa utilizando o método comparativo ct (ΔΔφ por RT-PCR biorad para a expressão relativa dos genes (permanecem outros genes de manutenção, exceto os genes de manutenção mais estáveis neste estudo).

A quantificação dos genes foi obtida utilizando o método comparativo Cq (Cycle Threshold) e é expressa como "n vezes a regulação da transcrição para cima ou para baixo" em relação a um calibrador que é representado pelo sinal mais pequeno detetável para esse gene específico. Para a quantificação relativa pelo método Cq comparativo, os valores foram expressos em relação a uma amostra de referência, designada por calibrador. A expressão dos genes selecionados foi calibrada pela do gene de referência, em cada ponto temporal, e convertida no rácio de expressão relativa (fold de expressão).

$$\text{Dobra de expressão} = 2^{(-\Delta\Delta ct)}$$

Onde,

AAct = Ato médio do alvo - Ato médio do calibrador

Ato = Ct médio do alvo - Ct médio do controlo endógeno

4 RESULTADOS E DISCUSSÃO

Apresentam-se aqui os resultados da presente investigação sobre **"Avaliação e validação de genes de manutenção para estudos de expressão genética em feijão de cacho [*Cyamopsis tetragonoloba* L. (Taub.)] sob condições de stress de seca"**.

4.1 PARÂMETROS FISIOLÓGICOS

O objetivo do estudo dos parâmetros fisiológicos era identificar genótipos altamente tolerantes e susceptíveis à seca para a sua utilização em estudos de expressão genética. Para o efeito, foram estudados cinco parâmetros fisiológicos, *nomeadamente* o peso seco da folha (gm), o teor relativo de água (RWC%), o teor de clorofila (%), a área foliar (cm^2) e o número de estomas por unidade de área, em dez genótipos de feijão de cacho que foram cultivados em abrigos contra a chuva.

4.1.1. Efeito do stress hídrico no peso seco da folha

A análise dos dados apresentados sobre o peso seco das folhas no Quadro 4.1, uma vez que foi influenciado pelo tratamento de stress hídrico e considerado significativo. O efeito do tratamento de stress de seca no genótipo Pusa Navbahar registou significativamente o maior peso seco da folha (0,282 gm). No entanto, a perda máxima de peso seco (0,033 gm) foi registada sob stress de seca, no IC369860 (Fig. 4.1).

Isto pode ser devido à hidrólise dos hidratos de carbono de reserva, que foi utilizada pela planta sob stress hídrico, o que pode ajudar a manter um melhor crescimento sob stress.

Estes resultados foram confirmados pelos resultados de Singla *et al.*, (2016) e Kumar e Sharma, (2009).

4.1.2. Efeito do stress hídrico no teor relativo de água (RWC%)

Os resultados mostraram uma variação considerável para a tolerância à seca entre as cultivares, Pusa Navbahar preservou os valores mais altos de RWC (79,71%) quando comparada com outras cultivares, sugerindo que isso pode ser a capacidade dessas cultivares de evitar a desidratação relativa do tecido como consequência do ajuste osmótico. As plantas IC369860 submetidas a stress hídrico exibiram significativamente a menor RWC foliar (68,13%) quando comparadas com outras cultivares (Quadro 4.1, Fig. 4.2).

A diminuição da RWC da folha sugere que a diminuição do potencial osmótico pode não ser um efeito de volume, mas o resultado de uma osmorregulação efectiva (Bajji *et al.*, 2002).

Estes resultados foram confirmados pelos resultados de Seenaiah *et al.,* (2015), Ranawake *et al.,* (2011) e Vadez *et al.,* (2008).

Tabela 4.1: Efeito do stress hídrico no peso seco das folhas (gm) e no teor relativo de água (%) de genótipos de feijão de cacho

Sr. Não.	Genótipo	Peso seco das folhas (gm)	Teor relativo de água (%)
1	**IC116865**	0.073	74.36
2	**IC116869**	0.050	72.35
3	**IC421848**	0.060	72.76
4	**IC311417**	0.081	78.47
5	**IC329038**	0.034	70.36
6	**HG1-2-20**	0.050	72.69
7	**IC369860**	0.033	68.13
8	**IC116866**	0.085	79.29
9	**Pusa Navbahar**	0.282	79.71
10	**IC6869**	0.048	72.29
S.Em. ±		0.002	2.50
C.D. a 5%		0.006	7.50
C.V.%		4.52	5.85

4.1.3. Efeito do stress hídrico no teor de clorofila (valor do medidor SPAD em %)

A leitura dos dados indicou diferenças significativas entre os tratamentos no que diz respeito ao teor de clorofila, influenciado pelo tratamento de stress de seca, que são apresentados no Quadro 4.2. Entre os tratamentos, foi registado um teor de clorofila mais elevado em Pusa Navbahar (85,41%, 854,1 mg/gm) em comparação com o controlo. O teor de clorofila foi significativamente reduzido (31,20%, 312,0 mg/gm) no IC369860 sob stress hídrico, em comparação com o controlo entre todos os genótipos (Fig. 4.3).

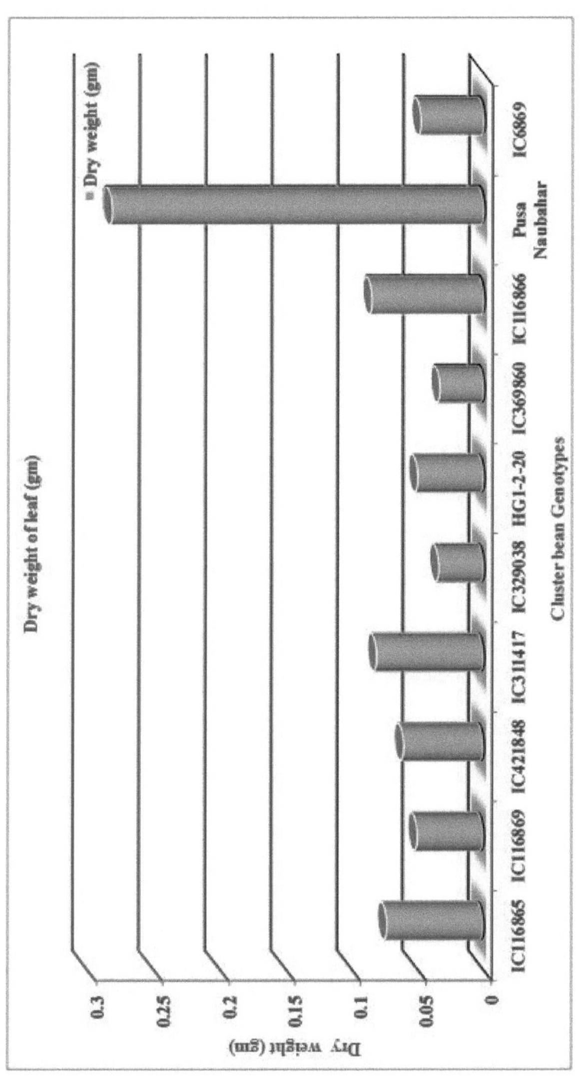

Fig. 4.1: Efeito do stress de seca no peso seco da folha (gm) em genótipos de feijão de cacho

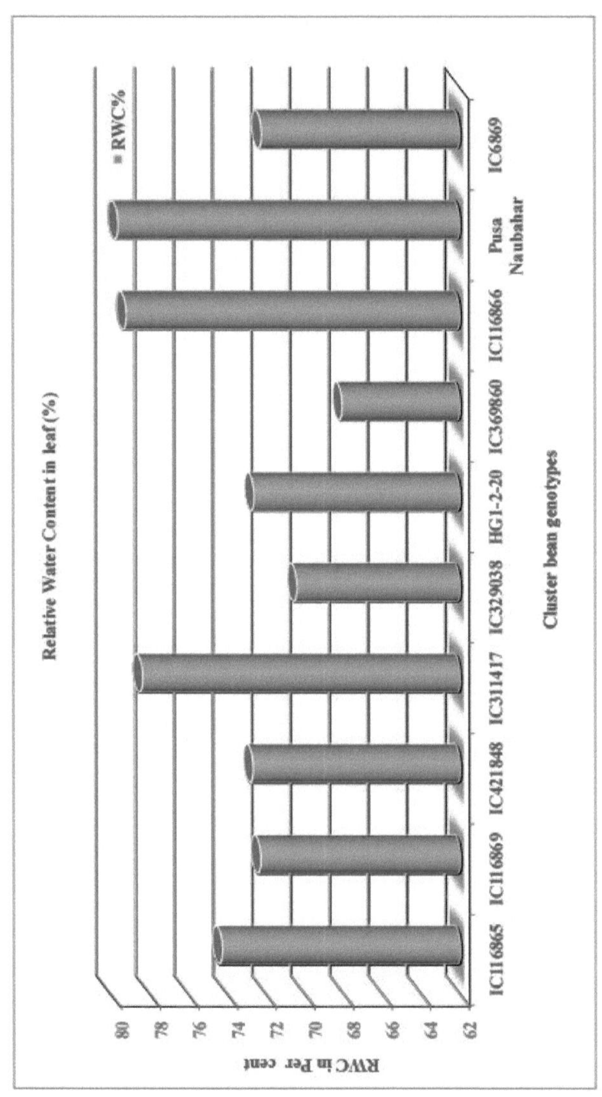

Fig. 4.2: Efeito do stress hídrico no teor relativo de água da folha (%) em genótipos de feijão de cacho

O stress da seca pode influenciar a organização estrutural das moléculas de clorofila nos grânulos e cloroplastos, pelo que a distribuição da clorofila na célula pode ser altamente não uniforme (Fukshansky *et al.*, 1993).

Os resultados obtidos neste estudo estavam de acordo com os relatados por Singla *et al.*, (2016); Arunyanark *et al.*, (2008); Bhadoria e Chauhan, (1994).

Quadro 4.2: Efeito do stress hídrico no teor de clorofila (valor do medidor SPAD em %) dos genótipos de feijão de cacho

Sr. Não.	Genótipo / Tratamentos	Seca		Controlo		Média	
		(%)	mg/gm	(%)	mg/gm	(%)	mg/gm
1	**IC116865**	49.28	492.8	73.36	733.6	61.31	613.1
2	**IC116869**	40.23	402.3	64.39	643.9	52.28	522.8
3	**IC421848**	46.26	462.6	70.35	703.5	58.30	583.0
4	**IC311417**	52.28	522.8	76.37	763.7	64.33	643.3
5	**IC329038**	34.21	342.1	58.30	583.0	46.25	462.5
6	**HG1-2-20**	43.22	432.2	67.34	673.4	55.29	552.9
7	**IC369860**	31.20	312.0	55.29	552.9	43.24	432.4
8	**IC116866**	79.38	793.8	82.40	824.0	80.89	808.9
9	**Pusa Navbahar**	85.41	854.1	88.42	884.2	86.91	869.1
10	**IC6869**	37.23	372.3	61.31	613.1	49.27	492.7
-	**Média**	49.87	498.7	69.75	697.5	-	-
Tratamentos		**Factores (Seca e Controlo)**		**Genótipo**		**Interação**	
S.Em. ±		0.29		0.65		0.92	
C	**.D. a 5%**	0.83		1.86		2.63	
C.V.%		2.67					

4.1.4. Efeito do stress hídrico na área foliar (cm^2)

Os dados apresentados no Quadro 4.3 sobre a área foliar influenciada pelo tratamento de stress hídrico foram considerados significativos. Sob stress hídrico, Pusa Navbahar (30,59 cm^2) registou significativamente a maior área foliar em comparação com o controlo. Enquanto

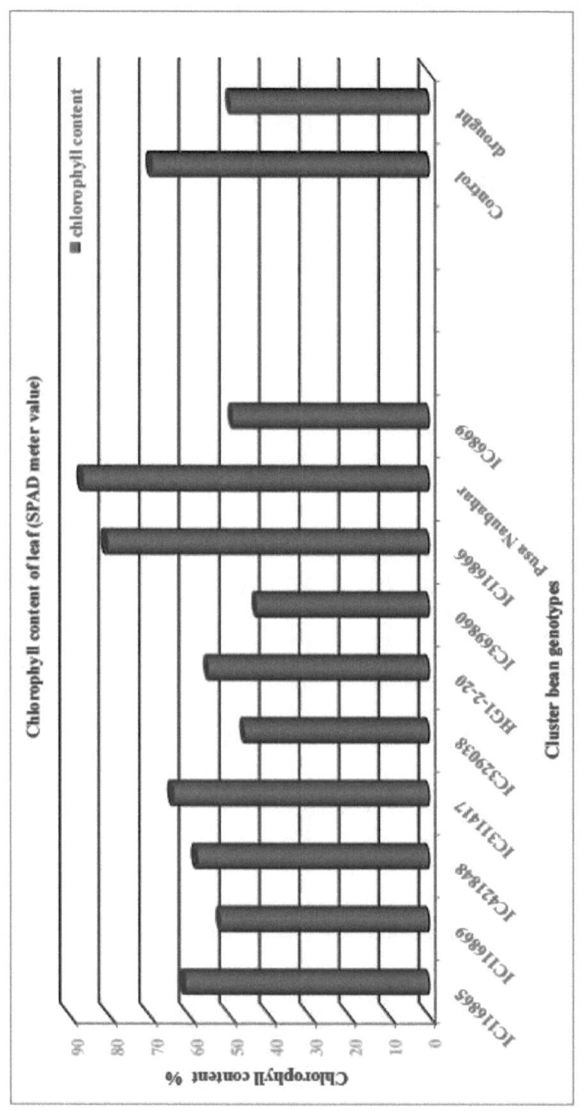

Fig. 4.3: Efeito do stress de seca no teor de clorofila da folha (%) em genótipos de feijão de cacho

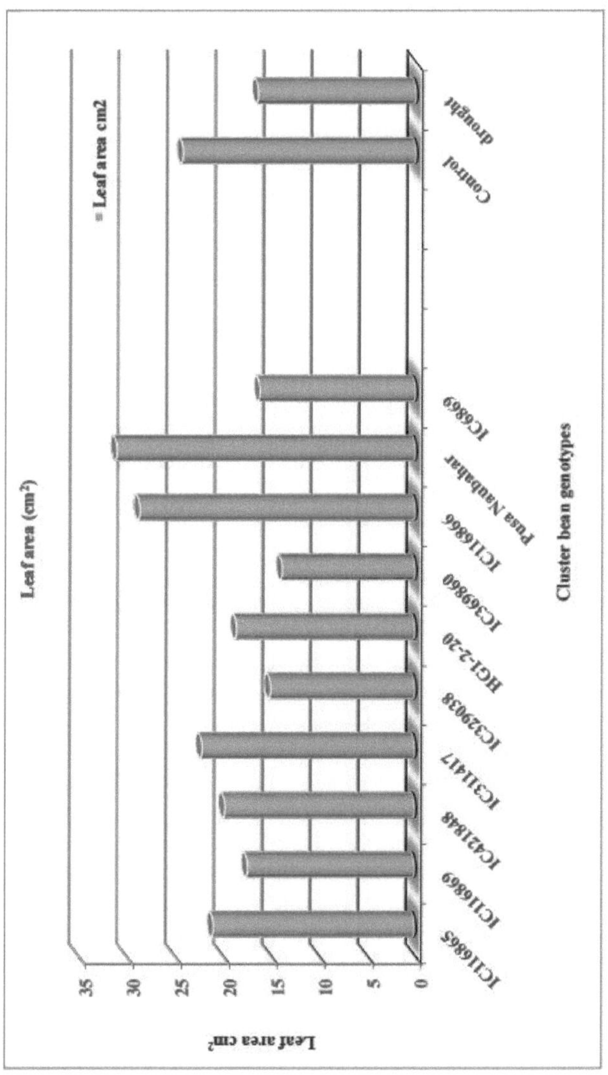

Fig. 4.4: Efeito do stress hídrico na área foliar (cm) em genótipos de feijão de cacho

A área foliar significativamente reduzida entre os tratamentos foi encontrada no IC369860 (9,23 cm^2) em comparação com o controlo entre os genótipos (Fig. 4.4).

Quando se verifica um défice de humidade, as culturas tendem a ajustar a sua área de superfície transpirante através da redução do crescimento das folhas e do aumento da senescência das folhas mais velhas para equilibrar a procura transpiratória com a redução da absorção de água (Hsiao, 1982). Este pode ser um mecanismo para reduzir a perda de água. Este processo é também conhecido como ajustamento da área foliar (Ritchie, 1985).

Este resultado foi confirmado pelas conclusões de Patil, (2014), Nautiyal *et al.*, (2002) e Ricciardi *et al.*, (2001).

Tabela 4.3: Efeito do stress hídrico na área foliar (cm^2) de genótipos de feijão de cacho

Sr. Não.	Genótipo / Tratamentos	Seca (cm^2)	Controlo (cm^2)	Média (cm^2)
1	**IC116865**	16.35	25.84	21.09
2	**IC116869**	12.79	22.28	17.53
3	**IC421848**	15.16	24.65	19.91
4	**IC311417**	17.53	27.03	22.28
5	**IC329038**	10.38	19.91	15.16
6	**HG1-2-20**	13.93	23.47	18.72
7	**IC369860**	9.23	18.72	13.97
8	**IC116866**	28.21	29.40	28.81
9	**Pusa Navbahar**	30.59	31.77	31.18
10	**IC6869**	11.60	21.09	16.35
-	**Média**	16.58	24.41	-
Tratamentos		**Factores (Seca e Controlo)**	**Genótipo**	**Interação**
S.Em. ±		0.194	0.43	0.61
C.D. a 5%		0.55	1.23	1.75
C.V.%			5.18	

4.1.5. Efeito do stress hídrico no número de estomas (por unidade de área)

A leitura dos dados indicou diferenças significativas entre os tratamentos no que diz respeito ao número de estomas, influenciado pelo tratamento de stress hídrico, apresentado no Quadro 4.4. Entre os tratamentos, o número de estomas mais elevado estava presente em Pusa Navbahar (14,00) em comparação com o controlo. Foi registada uma diminuição significativa do número de estomas (3,00) no IC369860 no tratamento de stress hídrico, em comparação com o controlo entre todos os genótipos (Fig. 4.5).

O ácido abscísico pode ser um mediador estomático nesta planta, tal como se verificou em muitas outras (Zhang e Davies, 1987, Davies e Zhang, 1991, Blum e Johnson, 1993).

Os resultados obtidos nestes estudos estavam de acordo com os relatados por Zhao *et al.*, (2017), de Carvalho *et al.*, (1998) e Terzi *et al.*, (2010).

Tabela 4.4: Efeito do stress hídrico no número de estomas (por unidade de área) dos genótipos de feijão de cacho

Sr. Não.	Genótipo / Tratamentos	Seca	Controlo	Média
1	**IC116865**	6.30	11.33	8.81
2	**IC116869**	4.62	9.66	7.16
3	**IC421848**	5.66	11.00	8.33
4	**IC311417**	7.33	11.66	9.50
5	**IC329038**	3.66	8.33	6.00
6	**HG1-2-20**	5.31	10.33	7.83
7	**IC369860**	3.00	7.66	5.33
8	**IC116866**	12.68	13.66	13.16
9	**Pusa Navbahar**	14.00	14.33	14.16
10	**IC6869**	4.00	8.66	6.33

-	Média	6.59	10.66	-
Tratamentos		Factores (Seca e Controlo)	Genótipo	Interação
S.Em. ±		0.11	0.26	0.37
C.D. a 5%		0.33	0.75	1.11
C.V.%			7.45	

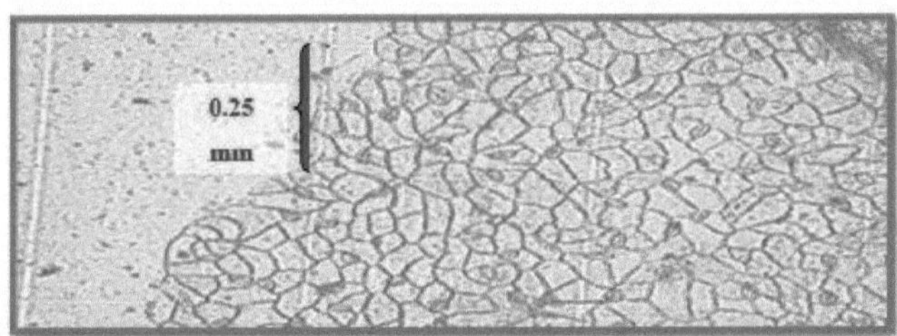

Placa I: Observação em câmara melhorada de Neubauer (0,0625 mm^2) em Microscópio

Placa II: Imagens dos tecidos foliares e radiculares ao 15° dia em condições de controlo e de stress hídrico após 50% de floração nos dois genótipos selecionados Pusa Navbahar e IC369860, após análise dos parâmetros fisiológicos

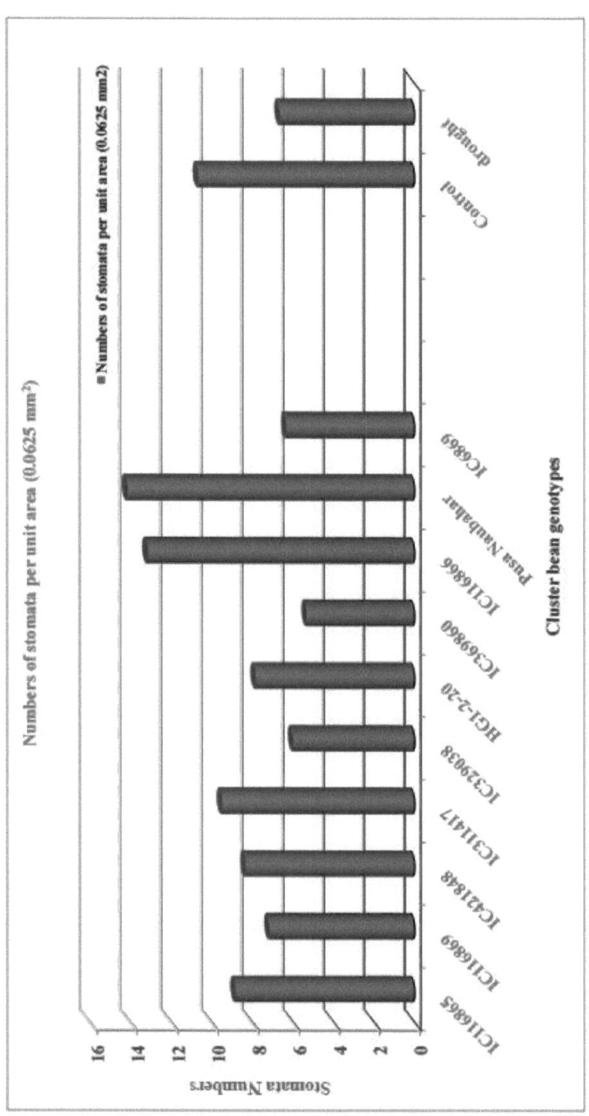

Fig. 4.5: Efeito do stress hídrico no número de estomas/0,0625 mm2 em genótipos de feijão de cacho

Assim, estes cinco parâmetros fisiológicos foram bons indicadores da diferença de comportamento entre estes dez genótipos sob stress hídrico, entre os quais dois foram identificados como altamente tolerantes (Pusa Navbahar-G1) e altamente sensíveis (IC369860-G2), respetivamente.

Ambos os genótipos selecionados foram cultivados em vaso para germinação a 27% e 72% de humidade relativa durante uma semana. Depois disso, foram transferidos para a estufa primária durante 2 semanas, com temperaturas entre 27 e 30 ^{0}C e 65-70% de humidade relativa, para aclimatação e desenvolvimento saudável. Por fim, as plantas foram transferidas para uma estufa secundária para tratamento contra a seca, onde a temperatura variava entre 28 e 36 ^{0}C com uma humidade relativa de 55-60% no $^{15^{\circ}}$ dia do período de seca. Foram recolhidas amostras de tecidos foliares e radiculares para isolamento do ARN total de ambos os genótipos.

4.2. ISOLAMENTO TOTAL DE RNA

O ARN total foi isolado a partir de 300 mg de amostras armazenadas de folhas e raízes de plântulas de ambos os genótipos, Pusa Navbahar e IC369860, utilizando o método de extração com fenol-clorofórmio (Ghawana *et al.*, 2011). A qualidade e a quantidade de ARN total foram testadas em Nanodrop. A concentração de RNA variou de 338,74-2341,62 ng/µï (Tabela 4.5). A pureza, a qualidade e a quantidade de ARN foram consideradas boas e adequadas para a síntese de ADNc.

Quadro 4.5: Análise qualitativa e quantitativa do ARN total de genótipos selecionados de feijão de cacho

Sr. Não.	Genótipo	Tratamento	Nome de código	Amostra	260/280	260/230	ng/ul
1	Pusa Navbahar (G1)	PARA Controlo	G1CL	Folha (H)	2.03	2.25	2252.01
2			G1CR	Raiz (I)	2.12	2.17	1424.93
3		T1 Seca	G1DL	Folha (E)	2.05	2.21	1735.14
4			G1DR	Raiz (F)	2.05	2.13	989.66
5	IC369860 (G2)	PARA Controlo	G2CL	Folha (L)	2.05	2.30	2070.54
6			G2CR	Raiz (M)	2.07	2.32	338.74
7		T1 Seca	G2DL	Folha (J)	2.03	2.34	2341.62
8			G2DR	Raiz (K)	1.99	2.03	735.27

A qualidade do ARN total extraído (rácio 260/280 e 260/230) variou entre 1,99 e 2,34 (quadro 4.5), e a integridade em gel de formaldeído desnaturado com agarose a 1% foi indicada na placa III. Este facto está de acordo com os padrões normais de pureza do ARN descritos por Chomczynski e Mackey, (1995) e Ghawana *et al.*, (2011).

4.3. SÍNTESE E QUANTIFICAÇÃO DE cDNA TESTADAS EM NANODROP

O cDNA foi preparado utilizando o ARN como modelo, com primers de hexâmeros aleatórios e a enzima transcriptase reversa modificada (MMLV).

O rácio de 260/280 variou entre 1,83 e 1,85 para o cADN. Enquanto a concentração de cDNA variou entre 326,12 - 381,59 ng/µï (Tabela 4.6).

Tabela 4.6: Análise qualitativa e quantitativa do cDNA de genótipos selecionados de feijão de cacho

Sr. Não.	Genótipo	Tratamento	Nome de código	Amostra	260/280	ng/ul
1	Pusa Navbahar (G1)	PARA Controlo	G1CL	Folha(H)	1.85	358.52
2			G1CR	Raiz (I)	1.83	339.64
3		T1 Seca	G1DL	Folha(E)	1.85	342.38
4			G1DR	Raiz (F)	1.85	362.07
5	IC369860 (G2)	PARA Controlo	G2CL	Folha(L)	1.85	326.12
6			G2CR	Raiz (M)	1.84	381.59
7		T1 Seca	G2DL	Folha (J)	1.84	353.25
8			G2DR	Raiz (K)	1.84	321.53

Além disso, o cADN foi verificado em gel de agarose a 1% para determinar a sua integridade (placa IV). Os resultados mostraram que o cADN preparado provém apenas de ARNm e não contém contaminação por ADN genómico (Quadro 4.6). O cADN sintetizado foi assim utilizado para o rastreio de iniciadores e a RT-PCR

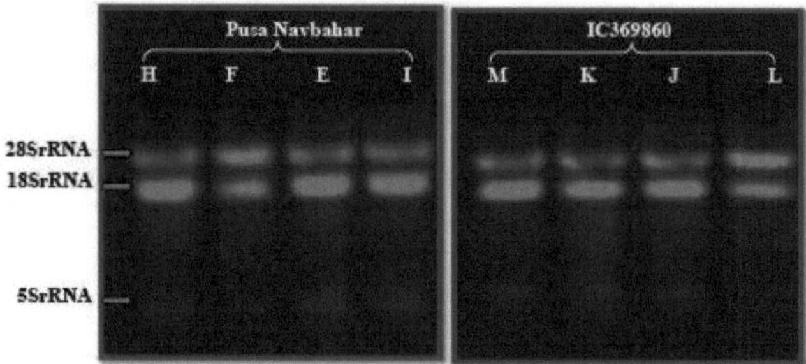

Placa III: Visualização do ARN total num gel de agarose de formaldeído desnaturado a 1%

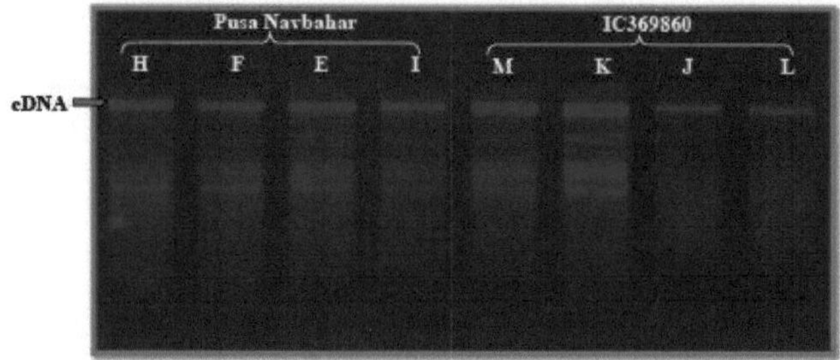

Placa IV: Visualização do cDNA num gel de agarose a 1%

Em que as amostras de tecido de ambos os genótipos são as seguintes

Pusa Navbahar-Gl				IC369860-G2			
T_0-Controlo		T1-Seca		T_0-Controlo		T1-Seca	
GlCL	GlCR	GlDL	GlDR	G2CL	G2CR	G2DL	G2DR
Folha (H)	Raiz (I)	Folha (E)	Raiz (F)	Folha (L)	Raiz (M)	Folha (J)	Raiz (K)

4.4. RASTREIO DE INICIADORES POR PCR

Para as amostras de tecido foliar de ambos os genótipos, o cDNA foi utilizado para o rastreio de iniciadores específicos dos genes através de PCR. A reação de PCR foi efectuada à temperatura de recozimento (TA) específica de cada iniciador, de acordo com o teor de GC. Os iniciadores que geraram um único amplicon com o tamanho esperado na eletroforese em gel de agarose a 2,5% (Placa V e Placa VI) foram posteriormente utilizados para RT-PCR (Quadro 4.7).

Tabela 4.7: Genes HSK selecionados por rastreio através de PCR e produtos de amplificação observados

Cartilha Não.	Gene Nome	Sequência do iniciador 5' a 3'	Tamanho do amplicon observado (bp)

P12	*EFla*	F	TCCACCACTTGGTCGTTTTG	93
		R	CTTAATGACACCGACAGCAACAG	
P25	*EF1B*	F	CCACTGCTGAAGAAGATGATGATG	133
		R	AAGGACAGAAGACTTGCCACTC	
P18	*UBQ10*	F	CCTCGCTGATTACAACATCCAG	105
		R	CAAGGTCTTCACACAAATCTGCATA	
P4	*18SrRNA*	F	CCACTTATCCTACACCTC	155
		R	ACTGTCCCTGTCTCTACTATCC	
P20	*25SrRNA*	F	AAAACAAAGCATTGCGATGGT	92
		R	GCACTGGGCAGAAATCACATT	
P7	*ACT1*	F	GGCATACATTGCCCTTGACT	128
		R	GAACCTCGGGACATCTGAAA	
P22	*ACT11*	F	ATTTTGACTGAGCGTGGTTATTCC	124
		R	GCTGGTCCTGGCTGTCTCC	
P8	*IF4a*	F	GCCGAGATCACACAGTCTCA	132
		R	ACCACGAGCCAAAAGATCAG	
P35	*ADH3*	F	GCTTCAAGAGCAGGTCACAAGT	154
		R	GAGACATCCTCCTTCGTGCATA	
P40	*LEC*	F	TCCAAGCACAGTTCAGCTTCGT	356
		R	TTCTGGGCAGTTTGAGGGTCAA	

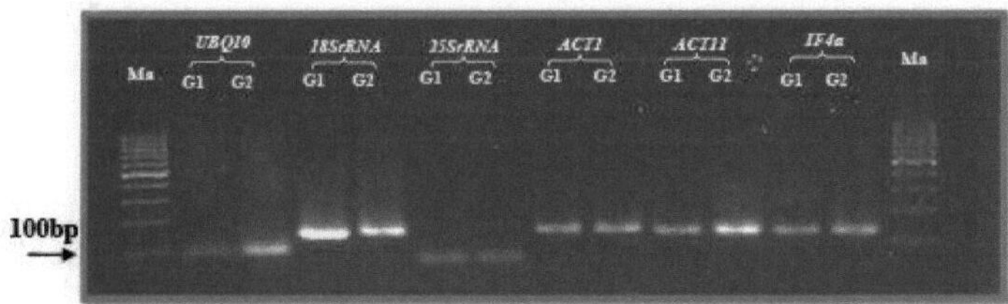

Placa V: Eletroforese em gel de agarose a 2,5% do rastreio de iniciadores selecionados através da PCR

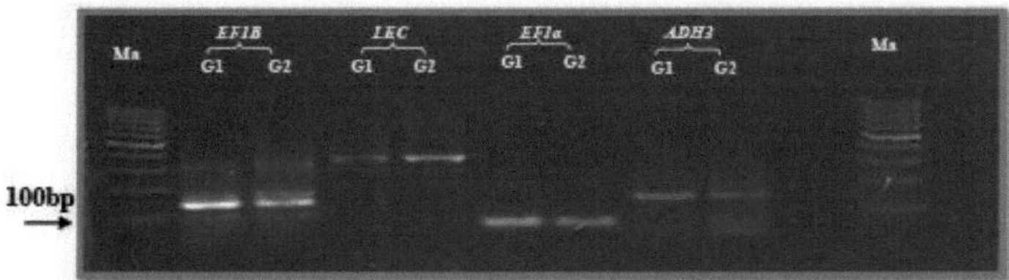

Placa VI: Eletroforese em gel de agarose a 2,5% do rastreio de iniciadores selecionados através da PCR

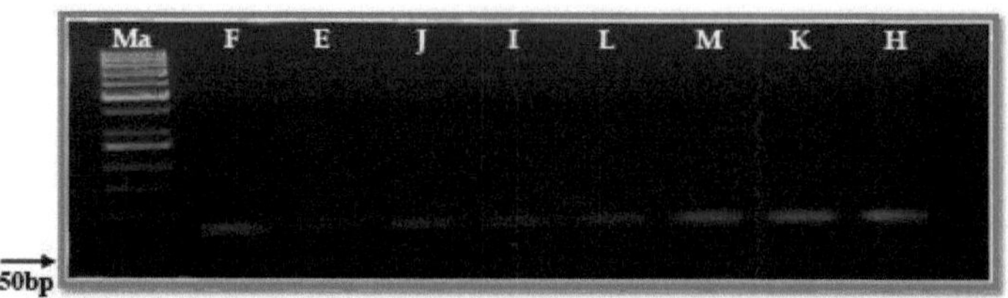

Placa VII: Visualização da expressão do gene *25SrRNA* através de RT-PCR em Gel de agarose a 2,5%

Em que as amostras de tecido de ambos os genótipos são as seguintes, (Ma: par de bases do marcador)

Pusa Navbahar-Gl				IC369860-G2			
Para Controlo		T1-Seca		T0-Controlo		T1-Seca	
G1CL	G1CR	G1DL	G1DR	G2CL	G2CR	G2DL	G2DR
Folha (H)	Raiz (I)	Folha (E)	Raiz (F)	Folha (L)	Raiz (M)	Folha (J)	Raiz (K)

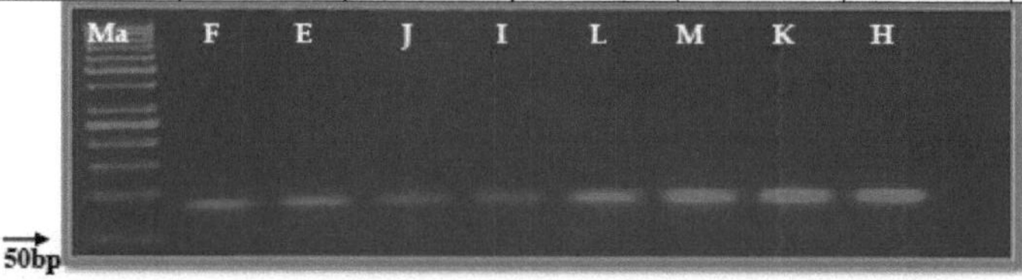

Placa VIII: Visualização da expressão do gene *EFla* através de RT-PCR em Gel de agarose a 2,5%

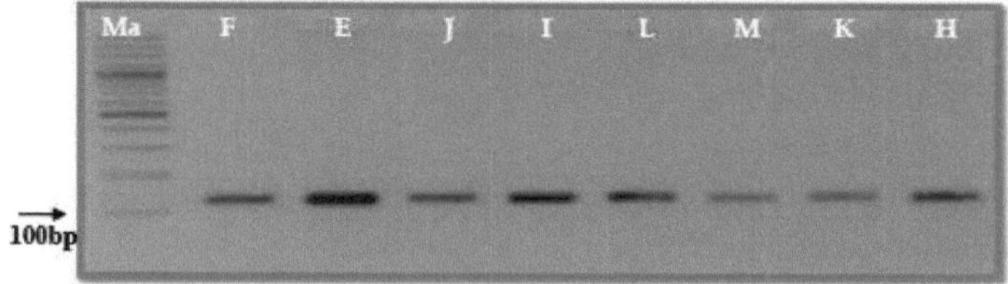

Placa IX: Visualização da expressão do gene *ACT11* através de RT-PCR em Gel de agarose a 2,5%

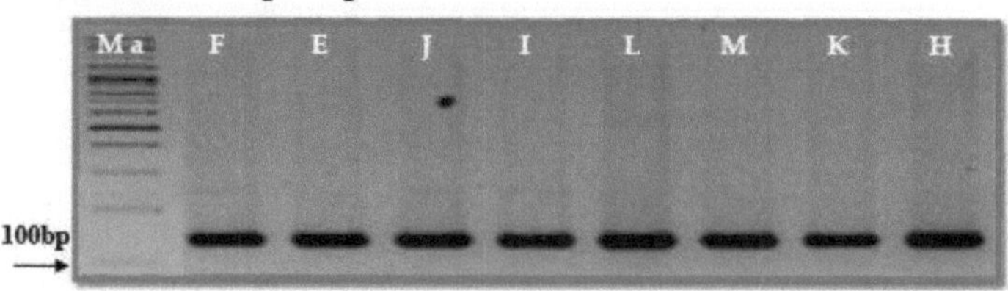

Placa X: Visualização da expressão do gene *ADH3* através de RT-PCR em gel de agarose a 2,5%

Em que as amostras de tecido de ambos os genótipos são as seguintes, (Ma: par de bases do marcador)

Pusa Navbahar-G1	IC369860-G2

T0-Controlo		T1-Seca		T0-Controlo		T1-Seca	
G1CL	G1CR	G1DL	G1DR	G2CL	G2CR	G2DL	G2DR
Folha (H)	**Raiz (I)**	**Folha (E)**	**Raiz (F)**	**Folha (L)**	**Raiz (M)**	**Folha (J)**	**Raiz (K)**

Placa XI: Visualização da expressão génica de *EF1B* através de RT-PCR em gel de agarose a 2,5%

Placa XII: Visualização da expressão génica de *LEC* através de RT-PCR em gel de agarose a 2,5%

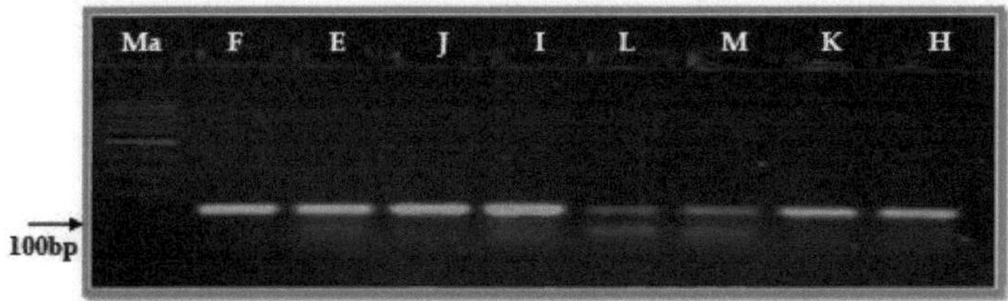

Placa XIII: Visualização da expressão génica do *18SrRNA* através de RT-PCR em gel de agarose a 2,5%

Em que as amostras de tecido de ambos os genótipos são as seguintes, (Ma: par de bases do marcador)

Pusa Navbahar-Gl				IC369860-G2			
Para Controlo		T1-Seca		T0-Controlo		T1-Seca	
G1CL	G1CR	G1DL	G1DR	G2CL	G2CR	G2DL	G2DR
Folha (H)	**Raiz (I)**	**Folha (E)**	**Raiz (F)**	**Folha (L)**	**Raiz (M)**	**Folha (J)**	**Raiz (K)**

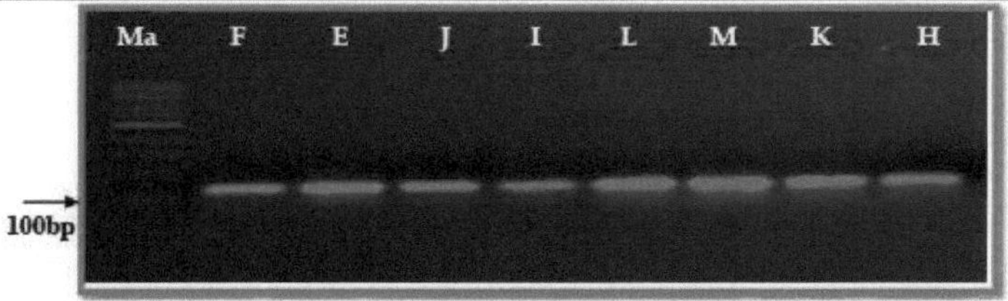

Placa XIV: Visualização da expressão do gene *ACT1* através de RT-PCR em

Gel de agarose a 2,5%

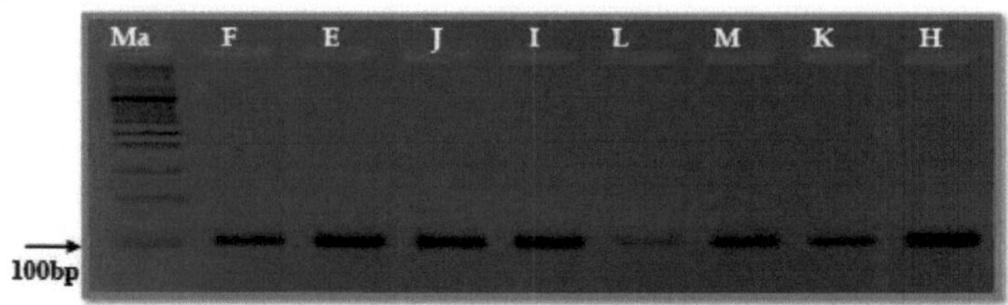

Placa XV: Visualização da expressão do gene *UBQ10* através de RT-PCR em Gel de agarose a 2,5%

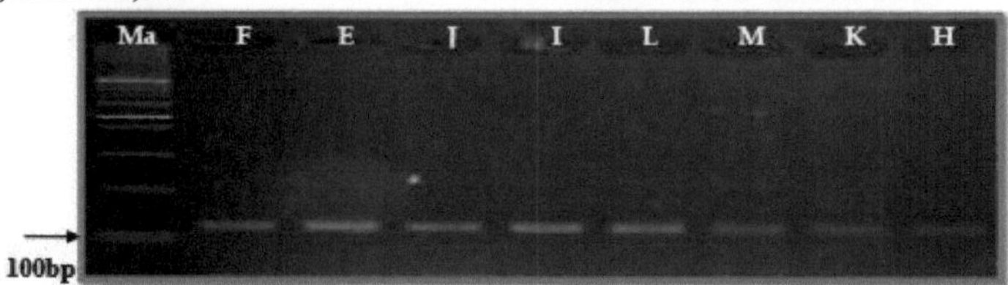

Placa XVI: Visualização da expressão génica de *IF4a* através de RT-PCR em gel de agarose a 2,5%

Em que as amostras de tecido de ambos os genótipos são as seguintes, (Ma: par de bases do marcador)

Pusa Navbahar-G1				IC369860-G2			
T_0-Controlo		T1-Seca		T_0-Controlo		T1-Seca	
G1CL	G1CR	G1DL	G1DR	G2CL	G2CR	G2DL	G2DR
Folha (H)	**Raiz (I)**	**Folha (E)**	**Raiz (F)**	**Folha (L)**	**Raiz (M)**	**Folha (J)**	**Raiz (K)**

O tamanho do produto de amplificação variou entre 92 (*25SrRNA*) e 356 (*LEC*) pares de bases (pb), de acordo com a banda única detectada em gel de agarose a 2,5% com cADN específico de todos os tecidos. Além disso, a análise da curva de fusão por pico único a um nível superior aos limiares sugeriu que não existiam dímeros de iniciadores, pelo que *EFla, EF1B, UBQ10, 18SrRNA, 25SrRNA, ACT1, ACT11, IF4a, ADH3* e *LEC* podiam ser utilizados para estudos de avaliação e validação adicionais (quadro 4.7).

4.5 ENSAIOS PCR EM TEMPO REAL

A PCR em tempo real de quantificação relativa foi efectuada para todos os iniciadores incluídos no quadro 4.7. Foram gerados gráficos de amplificação e curvas de dissociação para todos os primers. A geração de uma única curva de fusão mostrou que apenas foi gerado um produto específico. Foi calculada a especificidade do produto e a sua expressão com base no gráfico de amplificação utilizando o valor da linha de limiar do valor Ct médio do iniciador individual de todas as amostras. A visualização da expressão do gene através de RT-PCR num gel de 2,5% pode demonstrar o produto específico (placas VII a XVI).

4.5.1 Validação de genes endógenos por RT-PCR

A validação dos genes endógenos foi efectuada através da amplificação de genes endógenos selecionados (tal como descrito anteriormente) com cDNA sintetizado em ensaio RT-PCR baseado na deteção de verde-símbolo. O verde de âmbar não se liga especificamente ao ADN de cadeia dupla e, por conseguinte, qualquer ADN de cadeia dupla, quer se trate de um modelo ou de um dímero de iniciador, apresenta amplificação. Assim, procedeu-se à análise da curva de fusão para verificar a especificidade da reação. As observações foram registadas em termos de valores Ct, gráfico de amplificação e curva de fusão para *EFla, EF1B, UBQ10, 18SrRNA, 25SrRNA, ACT1, ACT11, IF4a, ADH3* e *LEC.*

4.5.1.1. Dados do gráfico de amplificação de genes endógenos através de RT-PCR

A apresentação pictórica do gráfico de amplificação da PCR em tempo real é dada nas Fig. 4.6 a Fig. 4.15. A figura "A" representa o gráfico de amplificação de Pusa Navbahar, enquanto a figura "B" representa o gráfico de amplificação de IC369860. Todas as amostras registaram amplificação. A linha de base para foi iniciada em 2, enquanto a linha de base final variou de 10 a 32, como demonstrado pelos dados da PCR em tempo real. Foram registados diferentes valores de RFU no ponto final da análise para cada amplificação de genes endógenos.

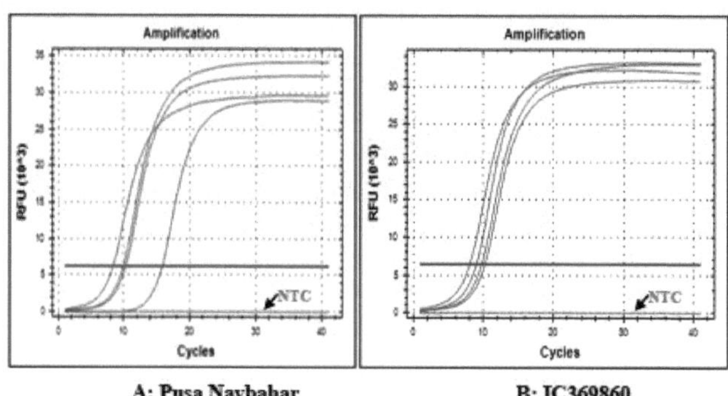

A: Pusa Navbahar **B: IC369860**

A: Pusa Navbahar B: IC369860

Fig. 4.6: Gráfico de amplificação de *18SrRNA* contendo todas as amostras de tecido de ambos os

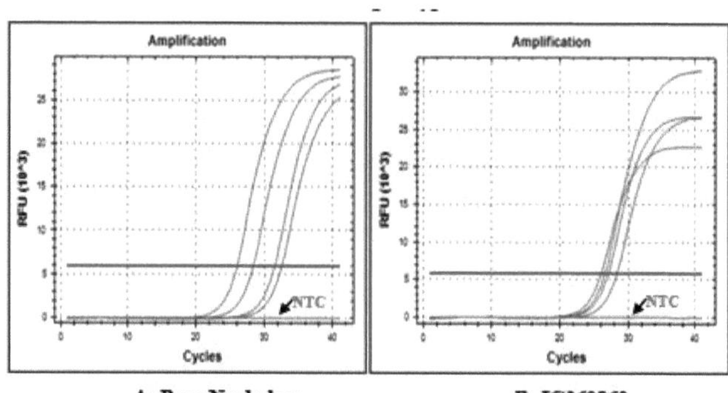

A: Pusa Navbahar **B: IC369860**

Fig. 4.7: Gráfico de amplificação de *ACT1* com todas as amostras de tecido de ambas as Pusa
Genótipos de feijão de cacho Navbahar e IC369860

Em que as amostras de tecido de ambos os genótipos são as seguintes

Pusa Navbahar-G1				**IC369860-G2**			
T0-Controlo		**T1-Seca**		**T_0-Controlo**		**T1-Seca**	
G1CL	G1CR	G1DL	G1DR	G2CL	G2CR	G2DL	G2DR
1 -Folha (H)	2-Raiz (I)	3 folhas (E)	4-Raiz (F)	1 -Folha (L)	2-Raiz (M)	3 folhas (J)	4-Raiz (K)

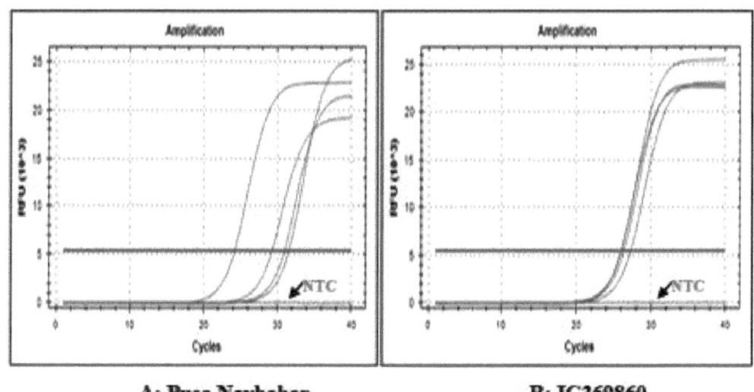

A: Pusa Navbahar B: IC369860

Fig. 4.8: Gráfico de amplificação de *EFla* com todas as amostras de tecido de ambas as Pusa

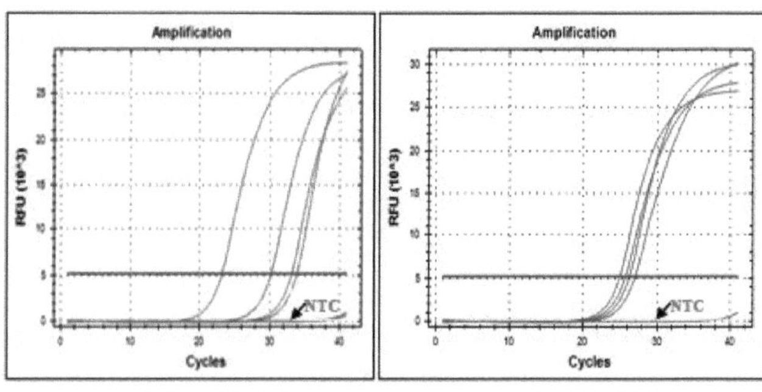

A: Pusa Navbahar B: IC369860

Fig. 4.9: Gráfico de amplificação de *EF1B* contendo todas as amostras de tecido de ambas as Pusa

Genótipos de feijão de cacho Navbahar e IC369860

Em que as amostras de tecido de ambos os genótipos são as seguintes

Pusa Navbahar-G1				**IC369860-G2**			
T0-Controlo		**T1-Seca**		**T_0-Controlo**		**T1-Seca**	
G1CL	G1CR	G1DL	G1DR	G2CL	G2CR	G2DL	G2DR
1 -Folha (H)	2-Raiz (I)	3 folhas (E)	4-Raiz (F)	1 -Folha (L)	2-Raiz (M)	3 folhas (J)	4-Raiz (K)

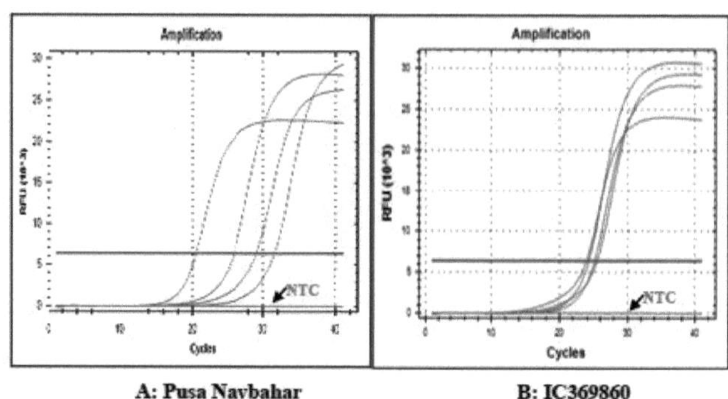

A: Pusa Navbahar B: IC369860

Fig. 4.10: Gráfico de amplificação de *UBQ10* com todas as amostras de tecido de ambos os Pusa

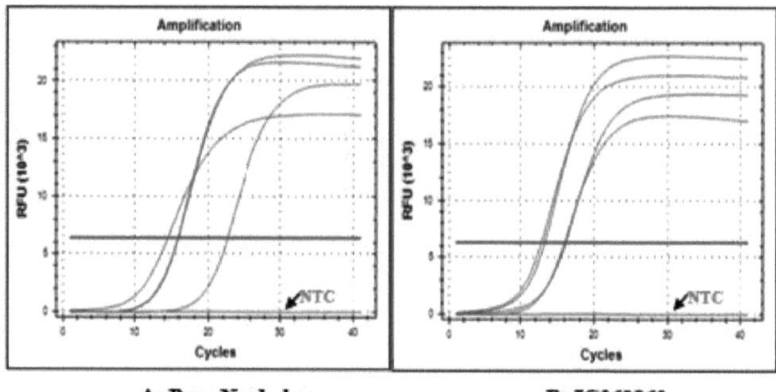

A: Pusa Navbahar B: IC369860

Fig. 4.11: Gráfico de amplificação de *25SrRNA* contendo todas as amostras de tecido de ambas as

Genótipos de feijão de cacho Pusa Navbahar e IC369860

Em que as amostras de tecido de ambos os genótipos são as seguintes

Pusa Navbahar-G1				**IC369860-G2**			
T0-Controlo		**T1-Seca**		**T_0-Controlo**		**T1-Seca**	
G1CL	G1CR	G1DL	G1DR	G2CL	G2CR	G2DL	G2DR
1 -Folha (H)	2-Raiz (I)	3 folhas (E)	4-Raiz (F)	1 -Folha (L)	2-Raiz (M)	3 folhas (J)	4-Raiz (K)

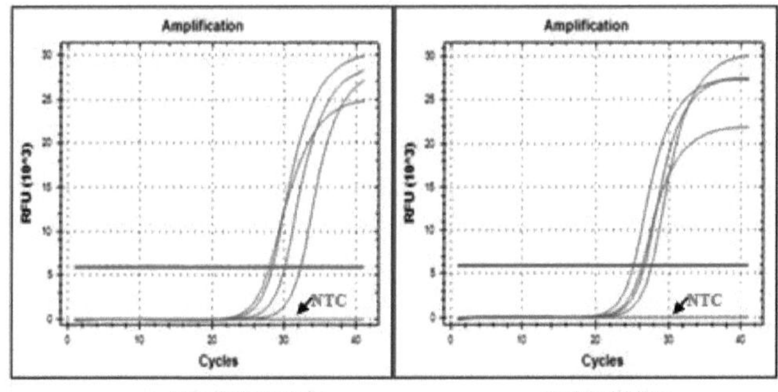

A: Pusa Navbahar B: IC369860

Fig. 4.12: Gráfico de amplificação de *ACT11* com todas as amostras de tecido de ambas as Pusa

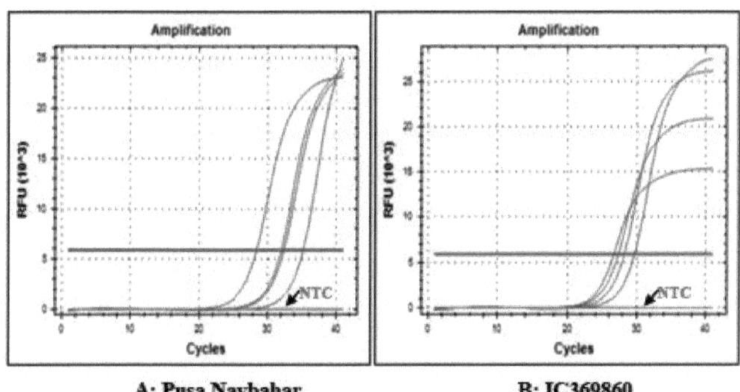

A: Pusa Navbahar B: IC369860

Fig. 4.13: Gráfico de amplificação de *IF4a* com todas as amostras de tecido de ambas as Pusa

Genótipos de feijão de cacho Navbahar e IC369860

Em que as amostras de tecido de ambos os genótipos são as seguintes

Pusa Navbahar-G1				IC369860-G2			
T0-Controlo		T1-Seca		T_0-Controlo		T1-Seca	
G1CL	G1CR	G1DL	G1DR	G2CL	G2CR	G2DL	G2DR
1 -Folha (H)	2-Raiz (I)	3 folhas (E)	4-Raiz (F)	1 -Folha (L)	2-Raiz (M)	3 folhas (J)	4-Raiz (K)

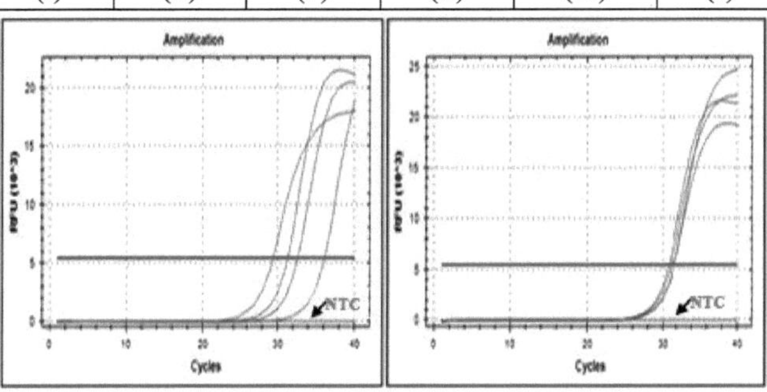

A: Pusa Navbahar B: IC369860

A: Pusa Navbahar B: IC369860

Fig. 4.14: Gráfico de amplificação de *ADH3* com todas as amostras de tecido de ambos os Pusa

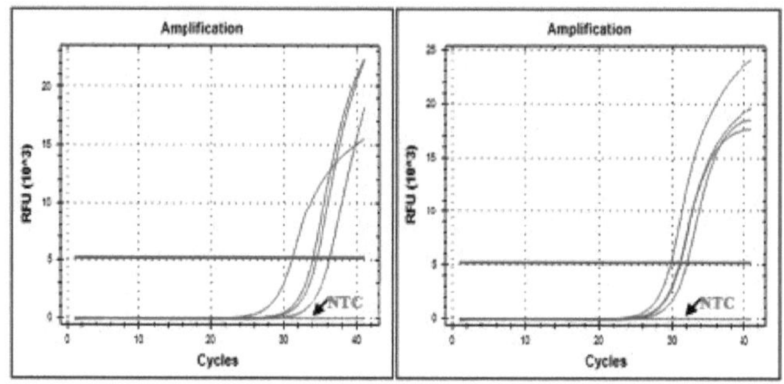

A: Pusa Navbahar B: IC369860

Fig. 4.15: Gráfico de amplificação de *LEC* com todas as amostras de tecido dos genótipos Pusa Navbahar e IC369860 de feijão-caupi

Em que as amostras de tecido de ambos os genótipos são as seguintes

Pusa Navbahar-G1				**IC369860-G2**			
T0-Controlo		**T1-Seca**		**T_0-Controlo**		**T1-Seca**	
G1CL	G1CR	G1DL	G1DR	G2CL	G2CR	G2DL	G2DR
1 -Folha (H)	2-Raiz (I)	3 folhas (E)	4-Raiz (F)	1 -Folha (L)	2-Raiz (M)	3 folhas (J)	4-Raiz (K)

Tabela 4.8: Valores Ct do ciclo de limiar dos iniciadores dos genes de manutenção obtidos por RT-PCR em todas as amostras de tecido de ambos os genótipos

Amostras/genes de controlo	*18SrRNA*	*ACT!*	*EFla*	*EFIB*	*UBQ10*	*25SrRNA*	*ACT11*	*IF4a*	*ADH3*	*LEC*
G1CL	08.40	27.80	23.09	23.27	21.41	16.10	29.29	28.16	29.59	31.28
G1CR	09.99	28.84	30.00	30.07	26.01	15.97	29.64	32.72	32.62	36.96
G1DL	16.30	33.01	31.58	34.36	33.80	23.35	31.83	32.43	36.12	34.10
G1DR	10.48	33.08	31.36	33.57	29.59	15.94	32.60	35.82	31.26	36.97
G2CL	07.92	29.04	25.44	26.65	25.08	12.82	27.81	30.06	31.61	28.86
G2CR	10.17	27.48	25.38	28.59	25.87	16.04	25.41	27.84	31.25	29.82
G2DL	08.89	28.46	27.06	29.04	24.41	13.85	26.74	28.33	29.75	31.49
G2DR	10.37	26.48	27.91	26.37	25.89	16.47	26.49	26.82	31.71	31.69
Média Ct	**10.31**	**29.27**	**27.72**	**28.99**	**26.50**	**16.31**	**28.72**	**30.27**	**31.73**	**32.64**

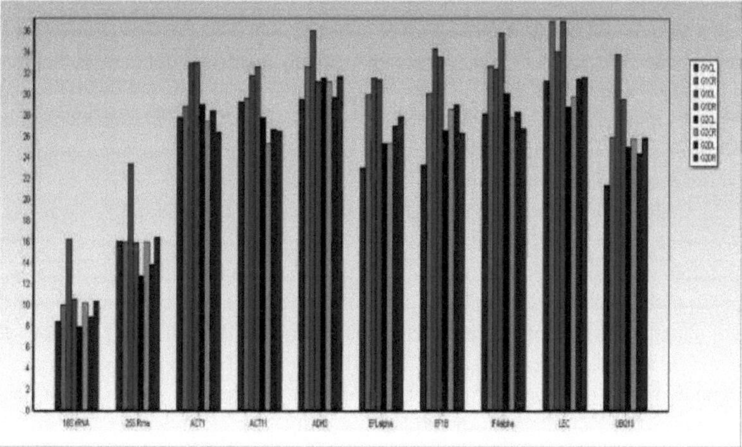

Fig. 4.16(a): Diagrama de barras dos valores Cq médios dos genes housekeeping gerados pelo software GeneEx para cada amostra de tecido de cada gene individual

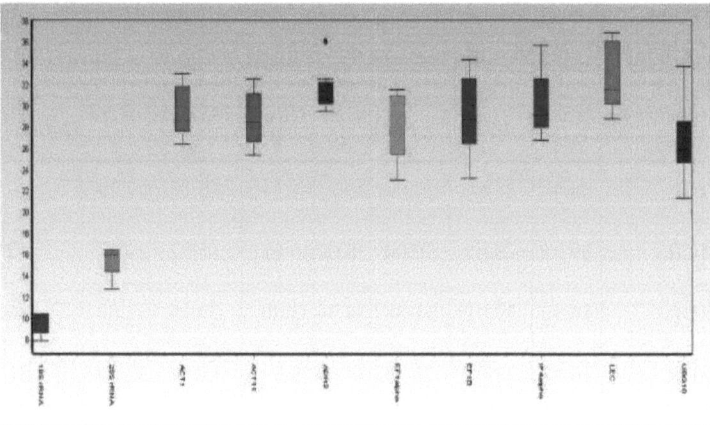

Fig. 4.16(b): Boxplot representando os valores médios absolutos de Ct, que foram calculados utilizando o programa GenEx. As caixas inferior e superior indicam o 25º e o 75º percentil, respetivamente. A mediana é representada pela linha e todos os valores anómalos são indicados por pontos

O controlo sem molde não mostrou qualquer amplificação, pelo que não se observou qualquer contaminação do molde com ADN genómico nem amplificação do auto-primers.

4.5.1.2. Variação dos valores Cq dos genes endógenos

Os valores do limiar do ciclo (Ct ou Cq) de todos os 10 genes candidatos para as 8 amostras diferentes em estudo foram utilizados para comparar as taxas de expressão entre si e entre as diferentes amostras.

Para avaliar a estabilidade da expressão dos genes endógenos, foi registado o valor Cq de cada gene de interesse. Cq < 29 são reacções fortemente positivas, indicativas da presença de ácido nucleico alvo em abundância na amostra. Cq de 30-37 são reacções positivas indicativas de quantidades moderadas de ácido nucleico alvo. Cq de 38-40 são reacções fracas indicativas de quantidades mínimas de ácido nucleico alvo que podem representar um estado de infeção ou contaminação ambiental (Mylvaganam *et al.*, 2010).

O valor Cq médio variou entre 10,31 e 32,64, como indicado no quadro 4.8, o que sugere que *o 18SrRNA* teve o nível de expressão mais elevado com o valor Cq mais baixo, apresentando reacções fortemente positivas. Enquanto *o LEC* teve um nível de expressão mais baixo com um valor Cq mais elevado, ou seja, 32,64. Isto pode dever-se a diferenças nos ribossomas, que codificam quantidades diferentes de proteínas para genes específicos em condições de stress hídrico.

O diagrama de barras dos dados do valor Cq é apresentado na Fig. 4.16 (a). Os níveis de Cq são inversamente proporcionais à quantidade de ácido nucleico alvo na amostra, *ou seja,* quanto mais baixo for o nível de Cq, maior será a quantidade de ácido nucleico alvo na amostra.

A análise dos conjuntos de dados revelou uma vasta gama de diferenças de expressão entre genes. Os valores médios de Ct dos genes selecionados variaram entre 7,92 (*18SrRNA* em G2CL: condição de controlo do tecido foliar em IC369860) e 36,97 (*LEC* em G1DR: condição de seca do tecido radicular em Pusa Navbahar). Com base nos valores médios absolutos de Ct para cada gene selecionado, *o 18SrRNA* e *o ADH3* apresentaram uma variação de expressão mais baixa, no entanto, *o EF1B* e o *LEC* apresentaram uma variação de expressão máxima na Fig. 4.16(b).

Os valores médios Ct dos genes visados foram também calculados nos tecidos para identificar genes com um pequeno nível de variações utilizando os algoritmos geNorm e NormFinder. Embora a análise da variação baseada nos valores Ct tenha revelado alguns dos genes com menor variação, é necessário identificar os genes mais estáveis para normalizar a expressão genética com base em diferentes algoritmos estatísticos (Sinha *et al.*, 2015).

Os dados do gráfico de amplificação revelaram o intervalo normal do valor Cq para todos os genes endógenos e foi efectuado um estudo mais aprofundado para a análise da curva de fusão.

4.5.1.3. Análise da curva de fusão em RT-PCR

Para os corantes de ligação ao ADN, ou seja, o verde-símbolo e as sondas de hibridação não cliváveis, a fluorescência é máxima quando as duas cadeias de ADN se ligam. Por conseguinte, à medida que a temperatura aumenta em direção à temperatura de fusão (Tm), a fluorescência diminui a uma taxa constante (declive constante). Na Tm, verifica-se uma redução drástica da fluorescência com uma alteração notável do declive. A taxa desta alteração é determinada pela representação gráfica da primeira regressão negativa da fluorescência em função da temperatura (-d(RFU)/dT). A maior taxa de alteração da fluorescência resulta em picos visíveis e representa a Tm dos complexos de ADN de cadeia dupla. (www.bio-rad.com)

Pico de fusão: Visualizar a regressão negativa dos dados de RFU (Unidade de fluorescência relativa) por temperatura para cada poço (-d(RFU)/dT).

A especificidade da reação de amplificação foi verificada antes de se proceder à PCR quantitativa em tempo real. A análise da curva de fusão foi efectuada em ciclo térmico em tempo real como uma etapa de controlo de qualidade. A curva de dissociação para os dez iniciadores é apresentada nas Fig. 4.11 a 4.26. Não foram observados picos no controlo sem modelo (NTC), o que revelou a ausência de formação de dímeros de iniciadores. A temperatura média de fusão dos iniciadores variou entre 78,50 ^{0}C para *25SrRNA* e 85,50 ^{0}C para *LEC* (Tabela 4.9). Embora *o 18SrRNA* e o *ACT1* também tenham apresentado temperaturas de fusão elevadas, 83,00 ^{0}C e 82,93 ^{0}C, respetivamente.

A variação no ponto de fusão do iniciador deve-se ao facto de o iniciador ter um conteúdo GC variado. O primer com elevado conteúdo de GC requer mais energia para quebrar as ligações.

O ponto final mostra os valores médios de RFU para determinar se o alvo foi ou não amplificado pelo último ciclo (final), para determinar se uma sequência alvo específica está presente (positiva) numa amostra. Os alvos positivos têm valores de RFU mais elevados do que o nível de corte.

O resultado revelou um ensaio gráfico de saída de curvas de fusão que reflectem as caraterísticas do produto amplificado final. Este ponto de fusão é uma propriedade única que depende do comprimento do produto e da composição de nucleótidos (Valasek e Repa, 2005).

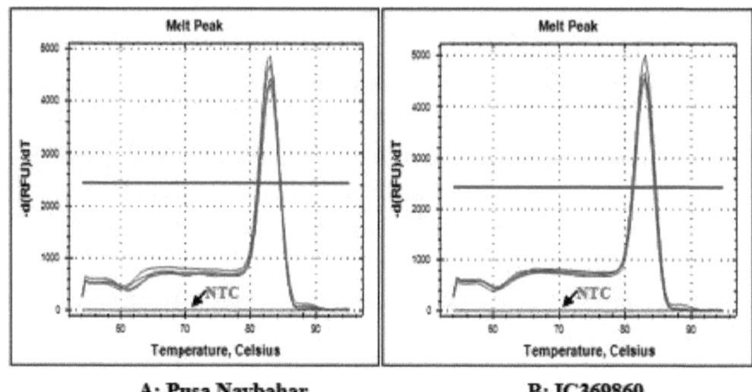

A: Pusa Navbahar **B: IC369860**

Fig. 4.17: Curva de fusão do *18SrRNA* com todas as amostras de tecido de ambas as espécies de Pusa

Genótipos de feijão de cacho Navbahar e IC369860

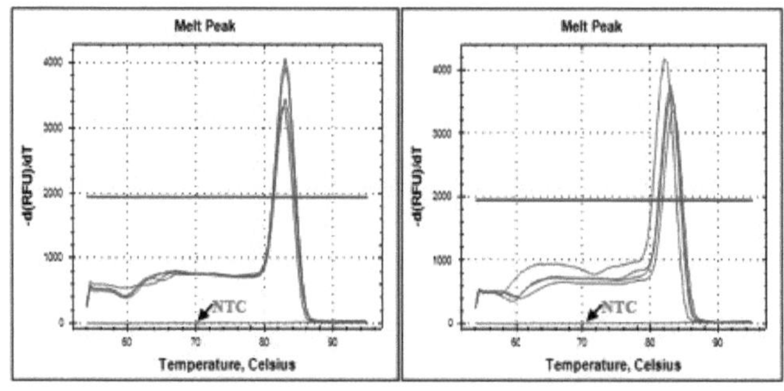

A: Pusa Navbahar **B: IC369860**

Fig. 4.18: Curva de fusão do *ACT1* contendo todas as amostras de tecido de ambas as Pusa

Genótipos de feijão de cacho Navbahar e IC369860

Em que as amostras de tecido de ambos os genótipos são as seguintes

Pusa Navbahar-G1				**IC369860-G2**			
T0-Controlo		**T1-Seca**		**T_0-Controlo**		**T1-Seca**	
G1CL	G1CR	G1DL	G1DR	G2CL	G2CR	G2DL	G2DR
1 -Folha (H)	2-Raiz (I)	3 folhas (E)	4-Raiz (F)	1 -Folha (L)	2-Raiz (M)	3 folhas (J)	4-Raiz (K)

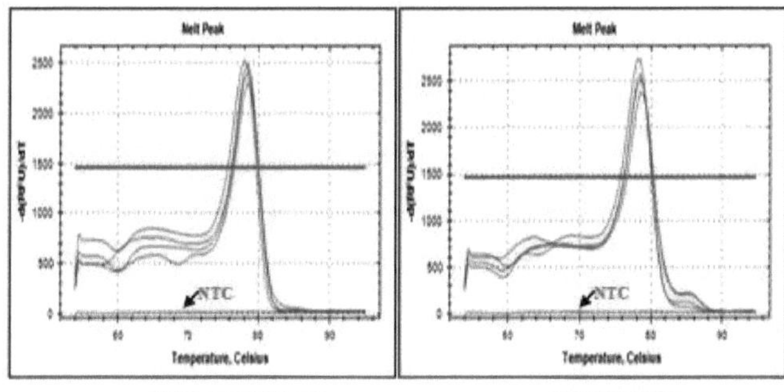

A: Pusa Navbahar B: IC369860

Fig. 4.19: Curva de fusão da *EFla* contendo todas as amostras de tecido de ambas as Pusa

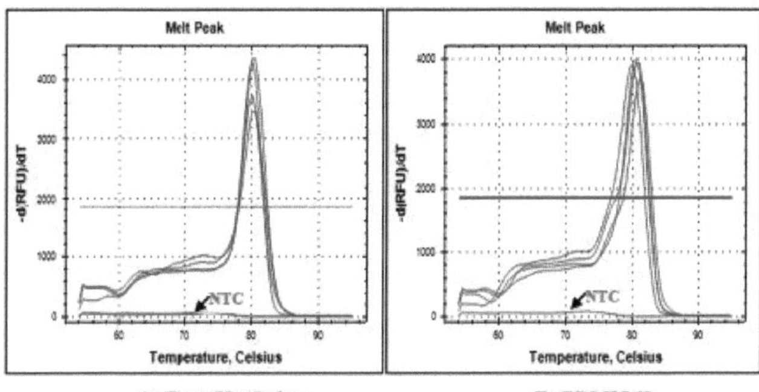

A: Pusa Navbahar B: IC369860

Fig. 4.20: Curva de fusão de *EF1B* contendo todas as amostras de tecido dos genótipos Pusa Navbahar e IC369860 de feijão de cacho

Em que as amostras de tecido de ambos os genótipos são as seguintes

Pusa Navbahar-G1				IC369860-G2			
T0-Controlo		T1-Seca		T_0-Controlo		T1-Seca	
G1CL	G1CR	G1DL	G1DR	G2CL	G2CR	G2DL	G2DR
1 -Folha (H)	2-Raiz (I)	3 folhas (E)	4-Raiz (F)	1 -Folha (L)	2-Raiz (M)	3 folhas (J)	4-Raiz (K)

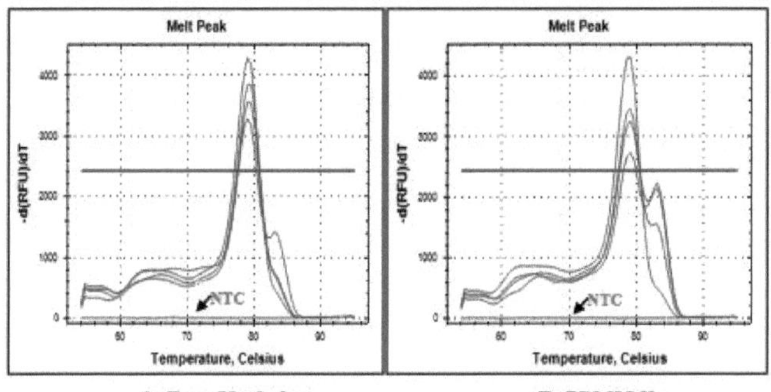

A: Pusa Navbahar B: IC369860

Fig. 4.21: Curva de fusão do *UBQ10* contendo todas as amostras de tecido de ambas as

Pusa

Genótipos de feijão de cacho Navbahar e IC369860

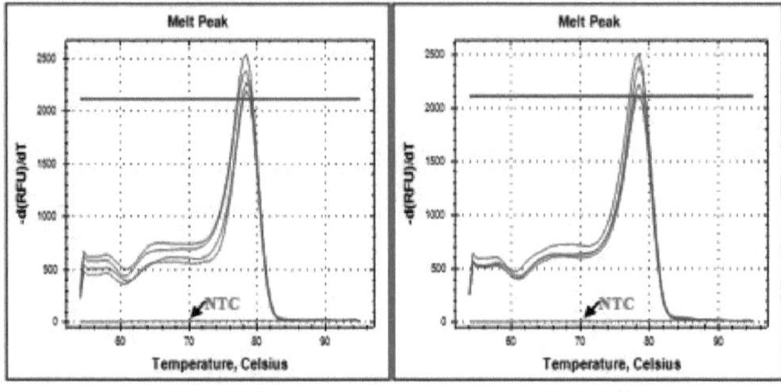

A: Pusa Navbahar **B: IC369860**

Fig. 4.22: Curva de fusão do *25SrRNA* com todas as amostras de tecido de ambas as espécies de Pusa

Genótipos de feijão de cacho Navbahar e IC369860

Em que as amostras de tecido de ambos os genótipos são as seguintes

Pusa Navbahar-G1				**IC369860-G2**			
T0-Controlo		**T1-Seca**		**T$_0$-Controlo**		**T1-Seca**	
G1CL	G1CR	G1DL	G1DR	G2CL	G2CR	G2DL	G2DR
1 -Folha (H)	2-Raiz (I)	3 folhas (E)	4-Raiz (F)	1 -Folha (L)	2-Raiz (M)	3 folhas (J)	4-Raiz (K)

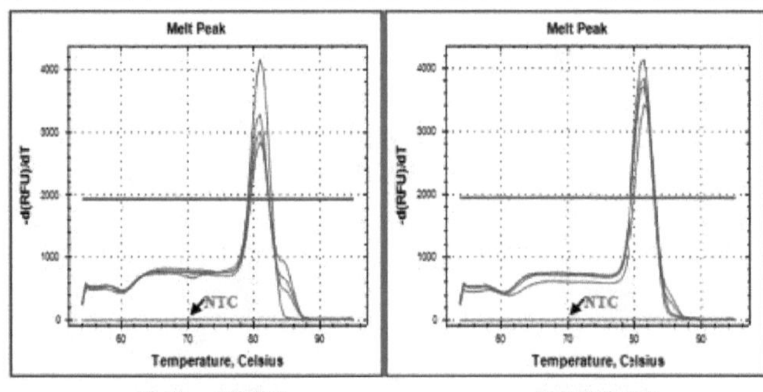

A: Pusa Navbahar **B: IC369860**

Fig. 4.23: Curva de fusão do *ACT11* contendo todas as amostras de tecido de ambas as Pusa

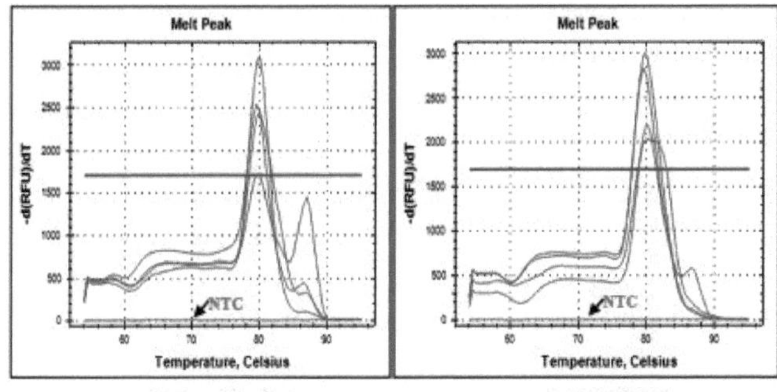

A: Pusa Navbahar B: IC369860

Fig.4.24: Curva de fusão do *IF4a* com todas as amostras de tecido dos genótipos Pusa Navbahar e IC369860 de feijão de cacho

Em que as amostras de tecido de ambos os genótipos são as seguintes

Pusa Navbahar-Gl				**IC369860-G2**			
T0-Controlo		**T1-Seca**		**T_0-Controlo**		**T1-Seca**	
G1CL	G1CR	G1DL	G1DR	G2CL	G2CR	G2DL	G2DR
1 -Folha (H)	2-Raiz (I)	3 folhas (E)	4-Raiz (F)	1 -Folha (L)	2-Raiz (M)	3 folhas (J)	4-Raiz (K)

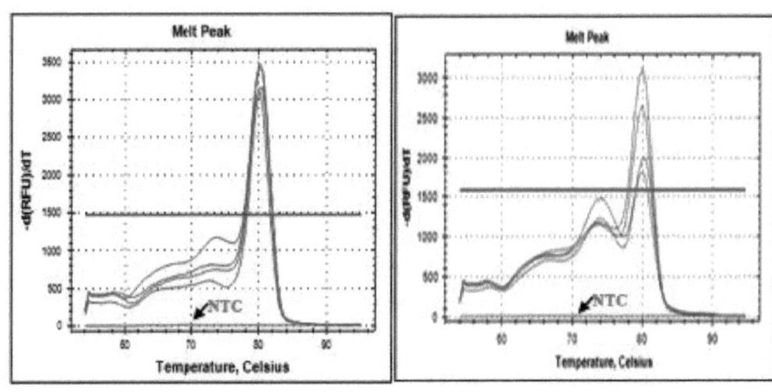

A: Pusa Navbahar B: IC369860

Fig. 4.25: Curva de fusão do *ADH3* contendo todas as amostras de tecido de ambas as Pusa

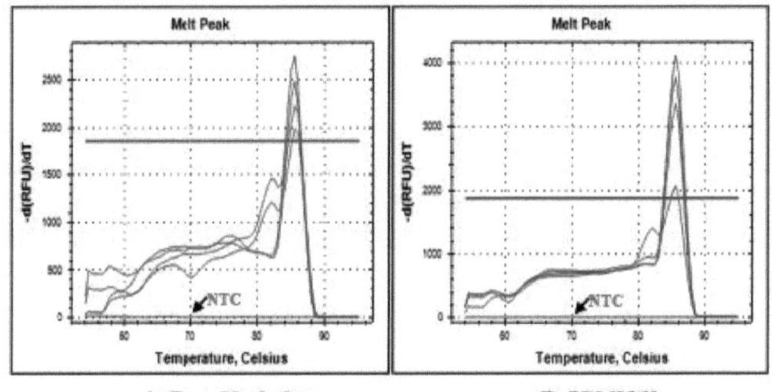

A: Pusa Navbahar B: IC369860

Fig. 4.26: Curva de fusão do *LEC* com todas as amostras de tecido dos genótipos Pusa Navbahar e IC369860 de feijão de cacho

Em que as amostras de tecido de ambos os genótipos são as seguintes

Pusa Navbahar-G1				IC369860-G2			
T0-Controlo		T1-Seca		T_0-Controlo		T1-Seca	
G1CL	G1CR	G1DL	G1DR	G2CL	G2CR	G2DL	G2DR
1 -Folha (H)	2-Raiz (I)	3 folhas (E)	4-Raiz (F)	1 -Folha (L)	2-Raiz (M)	3 folhas (J)	4-Raiz (K)

Tabela 4.9: Valor de Tm (°C) dos primers dos genes de manutenção da casa obtidos por RT-PCR em todas as amostras de tecido de ambos os genótipos

Amostras/genes de controlo	*18SrRNA*	*ACT!*	*EFla*	*EFIB*	*UBQ10*	*25SrRNA*	*ACT11*	*IF4a*	*ADH3*	*LEC*
G1CL	83.00	83.00	79.00	80.00	79.00	78.50	81.00	80.00	80.00	85.50
G1CR	83.00	83.00	78.50	80.50	79.00	78.50	81.00	80.00	80.00	85.50
G1DL	83.00	83.00	78.00	80.00	79.00	78.50	81.00	79.50	80.00	85.50
G1DR	83.00	83.00	78.50	80.00	79.00	78.50	81.00	79.50	80.00	85.50
G2CL	83.00	83.00	78.50	80.50	79.00	78.50	81.00	79.50	80.00	85.50
G2CR	83.00	83.00	79.00	80.00	79.00	78.50	81.00	80.00	80.00	85.50
G2DL	83.00	83.00	78.50	80.50	79.00	78.50	81.00	80.00	80.00	85.50
G2DR	83.00	83.00	78.50	81.00	79.00	78.50	81.00	80.00	80.00	85.50
Tm°C média	**83.00**	**83.00**	**78.56**	**80.31**	**79.00**	**78.50**	**81.00**	**79.81**	**80.00**	**85.50**

4.6 SELECÇÃO DO GENE DE MANUTENÇÃO DA CASA ESTÁVEL ATRAVÉS DA ANÁLISE DE DADOS COM O SOFTWARE CFX MANAGER, geNorm, NormFinder E SOFTWARE GenEx

A estabilidade da expressão dos genes de referência selecionados *EFla, EF1B, UBQ10, 18SrRNA*, *25SrRNA*, *ACT1, ACT11, IF4a, ADH3* e *LEC* em todas as amostras de raízes e folhas (seca e controlo) foi validada utilizando o software CFX manager, geNorm, NormFinder e GeneEx. Além disso, foi também aplicada a abordagem delta Ct para verificar a estabilidade do gene de controlo.

4.6.1 Análise de dados através de software

4.6.1.1. Análise de estabilidade (valor M) pelo software geNorm

Para determinar a classificação dos genes housekeeping selecionados, foi utilizado o algoritmo geNorm para calcular o valor médio de estabilidade da expressão (valor M), utilizando os valores Ct de cada gene nos tecidos. Com base no algoritmo geNorm, os genes com o valor M mais baixo foram considerados os mais estáveis, enquanto os genes com o valor M mais elevado foram considerados os menos estáveis. A amostra estava a comparar diferentes conjuntos de tecidos de raízes e folhas de cada fase, pelo que, devido à heterogeneidade da amostra, um valor M até 1 (valor-limite M 1,5) é aceitável e pode ser utilizado para normalizar o valor da amostra-alvo (Vandesompele *et al.*, 2002).

O valor de estabilidade dos genes de referência de todas as amostras, em função da fase e do tecido, está representado na tabela 4.10. O software calculou de acordo com a relatividade zero e forneceu o valor de estabilidade alvo (valor M) de um determinado gene de referência. Na fase de controlo, verificou-se que o *ACT1* e *a ADH* eram os genes de referência mais estáveis, com o valor M mais baixo de 0,97, enquanto *o LEC* (M = 2,30) era o menos estável. Do mesmo modo, *o ACT1* (M = 0,59) e o *EF1B* (M = 0,59) foram considerados os mais estáveis em comparação com o *25SrRNA* e *o 18SrRNA*, com um valor M de 2,35 e 2,19, respetivamente, na fase de seca (quadro 4.10).

A análise global do geNorm mostrou que *o ACT1* e *o ADH3* são os genes de referência mais estáveis. O valor M variou entre M = 0,59 (maior estabilidade) e M = 2,35 (menor estabilidade). Foi observado um resultado semelhante na análise dos genes de referência ao nível dos tecidos. *O ACT1* e *o IF4a* são estáveis no tecido foliar de ambos os genótipos, apresentando o valor M mais baixo (0,68), enquanto *o UBQ10* e o *EF1B* são os menos estáveis, com um valor M de 2,34 e 2,21, respetivamente (Quadro 4.10).

Tabela 4.10: Estabilidade da expressão génica Valor M e valor SD de dez genes de manutenção em diferentes conjuntos de amostras de feijão cluster calculados utilizando o software geNorm (GN) e NormFinder (NF), respetivamente

Conjuntos	Fase de controlo		Fase de seca		Todas as folhas tecidos		Todos os tecidos radiculares		Pusa Navbahar		IC369860	
Gene/software	M	SD	M	SD	M	SD	M	SD	M	SD	M	SD
EF1a	1.75	1.47	1.17	0.68	1.80	1.22	1.49	0.98	2.18	1.57	0.50	1.12
EF1B	1.81	1.99	0.59	1.46	2.21	2.31	0.61	1.39	2.70	2.36	1.62	1.46
UBQ10	1.44	1.71	1.76	1.52	2.34	2.49	1.33	1.01	2.81	2.58	1.13	0.57
18SrRNA	1.25	1.18	2.19	2.04	1.68	0.82	1.85	2.12	2.58	1.94	0.99	1.00
25SrRNA	1.98	2.07	2.35	2.80	2.03	2.39	2.03	2.36	2.93	3.04	1.68	1.70
ACT1	0.97	1.34	0.59	1.15	0.68	0.82	0.61	1.17	1.21	1.12	1.49	1.39
ACT11	2.12	2.16	0.85	0.98	1.20	2.01	1.07	1.23	1.21	1.90	1.36	1.15
IF4a	1.62	1.14	1.46	2.54	0.68	1.66	2.31	2.42	1.77	2.24	1.56	1.67
ADH3	0.97	0.60	2.04	2.01	0.86	0.80	2.09	2.22	2.42	1.68	1.22	0.94
LEC	2.30	2.65	1.35	2.04	1.48	2.03	2.21	2.10	2.02	2.85	0.50	1.24

Tabela 4.11: Classificação da estabilidade da expressão génica de dez genes de manutenção em diferentes conjuntos de amostras de feijão em cacho, calculada utilizando o software geNorm (GN) e NormFinder (NF)

Conjuntos	Fase de controlo		Fase de seca		Todas as folhas tecidos		Todos os tecidos radiculares		Pusa Navbahar		IC369860		Em geral Classificação de estabilidade
Gene/software	GN	NF	GN	NF	GN	NF	GN	NF	GN	NF	GN	NF	GN/NF
EF1a	5	5	3	1	6	4	4	1	4	2	1	4	2
EF1B	6	7	1	4	8	8	1	4	7	7	8	8	7
UBQ10	3	6	6	5	9	10	3	2	8	8	3	1	6
18SrRNA	2	3	8	7	5	3	5	6	6	5	2	3	4
25SrRNA	7	8	9	10	7	9	6	8	9	10	9	10	10
ACT1	1	4	1	3	1	2	1	3	1	1	6	7	1
ACT11	8	9	2	2	3	6	2	4	1	4	5	5	5
IF4a	4	2	5	9	1	5	9	9	2	6	7	9	8
ADH3	1	1	7	6	2	1	7	7	5	3	4	2	3
LEC	9	10	6	8	4	7	8	5	3	9	1	6	9

A comparação geral por geNorm de todas as amostras e genes indicou que *ACT1, EF1a eADH3* são genes de referência altamente estáveis e a sua expressão foi consistente no feijão em condições de stress por seca, enquanto *25SrRNA, LEC* e *IF4a* exibiram um nível variável de expressão nos tecidos (Quadro 4.11).

Este facto pode ser confirmado pelos resultados de várias leguminosas, como no feijão-frade por (Sinha *et al.,* 2015), no grão-de-bico por (Garget *al*., 2010), na soja por (Ma *et al.,* 2013; Hu *et al.,* 2009) e no amendoim por (Reddy *et al.,* 2013).

4.6.1.2. Análise NormFinder (valor de estabilidade SD)

A estabilidade dos dez genes housekeeping selecionados foi ainda confirmada utilizando o algoritmo NormFinder. A análise NormFinder dos conjuntos de dados estimou o valor de estabilidade de todos os genes testados com base na variação intragrupo e intergrupo. Os genes com valores de estabilidade mais baixos foram considerados os mais estáveis, ao passo que os genes com valores de estabilidade mais elevados foram classificados como os menos estáveis. O nível de expressão de 10 genes de referência candidatos foi avaliado utilizando o NormFinder, que é uma ferramenta matemática baseada no Excel que analisa cada conjunto de amostras individualmente (*Andersenet al.,* 2004).

A classificação é dada com base no seu valor de estabilidade (SD). Para todas as amostras de ambos os genótipos incluídos nas condições de controlo e de stress hídrico, os genes *ACT1, EF1a* e *18SrRNA* demonstraram um valor SD de 1,15, 1,27 e 1,53, respetivamente. Os resultados revelaram que *ACT1 é um* gene endógeno estável. A análise específica da fase mostrou que, durante as condições de controlo de ambos os genótipos, *o ADH3* é o gene de referência mais estável, com um valor de estabilidade de 0,60, e que, durante o stress por seca, o valor de estabilidade do *EF1a* foi de 0,68, o que foi considerado o mais estável. Durante o controlo *LEC* e durante o stress de seca, *o 25SrRNA* foi o gene menos estável com o valor de estabilidade mais elevado, *ou seja,* 2,65 e 2,80 respetivamente (Quadro 4.10).

A análise específica dos tecidos revelou que *o ADH3* foi considerado o gene mais estável (DP = 2,49) nas amostras de folhas. No entanto, nas amostras de raízes, o gene *EFla* foi considerado o mais estável (DP = 1,01). O valor global varia de 0,57 (UBQ10) altamente estável a 3,04 (*25SrRNA*) menos estável (Tabela 4.10).

O resultado geral indicou que, em todas as condições do feijão de cacho, apenas *o ACT1* apresentou um desempenho estável, pelo que foi considerado o gene de referência mais estável para validação posterior de outros genes (Quadro 4.11).

Este facto pode ser confirmado pelos resultados de várias leguminosas, como no feijão-frade por (Sinha *et al.,* 2015), no grão-de-bico por (Garget *al*., 2010), na soja por (Ma *et al.,* 2013 e Hu *et al.,* 2009) e no amendoim por (Reddy *et al.,* 2013).

4.6.2 Análise da expressão dos genes por RT-PCR no software CFX manager incorporado

4.6.2.1. Análise de clustergramas

Um clustergrama mostra os dados numa hierarquia baseada no grau de semelhança da expressão para diferentes alvos e amostras.

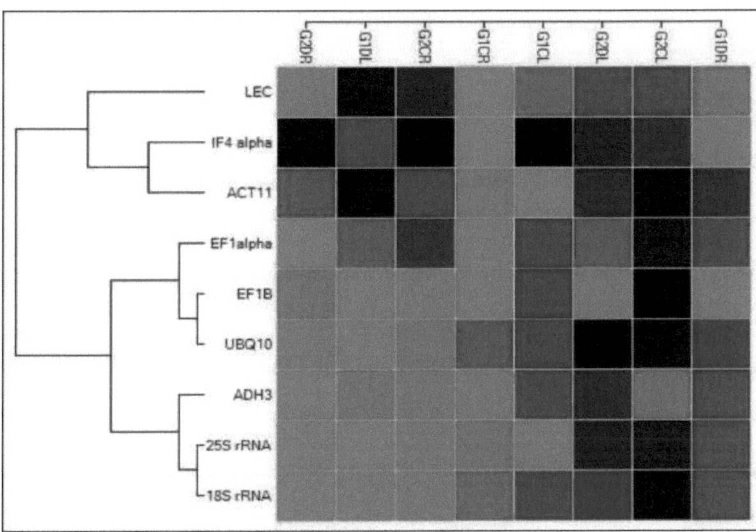

Fig. 4.27: Análise de clustergramas de todas as amostras de tecido dos genótipos Pusa Navbahar e IC369860 de feijão de cacho em comparação com o gene de referência mais estável ***ACT1***

A imagem do clustergrama representa a expressão relativa de uma amostra ou alvo da seguinte forma:

- **Regulação ascendente (vermelho):** Maior expressão
- **Regulação negativa (verde):** Menor expressão
- **Sem alterações (preto)**

Quanto mais clara for a tonalidade da cor, maior é a diferença de expressão relativa encontrada. Nos limites exteriores do gráfico de dados encontra-se um dendrograma, que indica a hierarquia de agrupamento. Os alvos ou amostras que apresentam padrões de expressão semelhantes têm ramos adjacentes, enquanto os que apresentam padrões diferentes estão mais distantes.

No genótipo Pusa Navbahar, a expressão de *ADH3, 25SrRNA* e *18SrRNA* no tecido radicular foi aumentada, enquanto nos tecidos foliares apenas a expressão de *IF4a* foi aumentada em condições de stress por seca.

A expressão *de IF4a* e *ACT11* aumentou ligeiramente em condições de stress por seca nos tecidos foliares em IC369860, enquanto *IF4a* não apresenta alterações nos tecidos radiculares em condições de stress por seca. No entanto, *EFla, EF1B, UBQ10, ADH3, 2SSrRNA* e *18SrRNA* tiveram uma expressão mais baixa ou reduzida nos tecidos radiculares de Pusa Navbahar e IC369860 e nos tecidos foliares de Pusa Navbahar em condições de stress hídrico.

O dendograma dos genes housekeeping na extremidade exterior do gráfico de dados indicou três padrões diferentes de três grupos de genes. O primeiro agrupamento com *LEC, IF4a* e *ACT11*, o segundo agrupamento com *EFla, EF1B* e *UBQ10* e o terceiro agrupamento com *ADH3. O 25SrRNA* e *o 18SrRNA* apresentam um padrão de expressão muito semelhante em tecidos específicos (Fig. 4.27).

4.6.2.2. Análise de gráficos de dispersão

O gráfico de dispersão mostra a expressão normalizada de alvos para um controlo versus uma amostra experimental. A imagem do gráfico (Fig. 4.28 a 4.31) mostra as seguintes alterações (Quadro 4.12) na expressão dos alvos com base no limiar: Regulação (Alteração da expressão em relação a uma amostra de controlo).

- **Regulação ascendente (vermelho):** Expressão relativamente mais elevada
- **Regulação negativa (verde):** Expressão relativamente baixa
- **Sem alterações (preto)**

Tabela 4.12: Análise de gráficos de dispersão e expressão genética comparada com o limiar de regulação sob stress de seca em ambos os genótipos de feijão de cacho

Amostras de seca	Pusa Navbahar Tecido foliar	IC369860 Tecido foliar	Pusa Navbahar Tecido radicular	IC369860 Tecido radicular
Gene	**1**	**1**	**1**	**1**
18SrRNA	1	NC	ĩ	NC
25SrRNA	NC	NC	ĩ	NC
ACT1	NC			
ACT11	ĩ	NC	NC	1
ADH3	NC	NC	ĩ	NC
EFla	1	1	ĩ	1
EF1B	1	1	NC	NC
IF4a	NC	NC	NC	NC
LEC	ĩ	1	ĩ	1
UBQ10	1	NC	NC	NC

Em que, 1 = Comparado com o limiar de regulação, regulado para baixo= |, regulado para cima =ĩ,

Sem alterações = NC

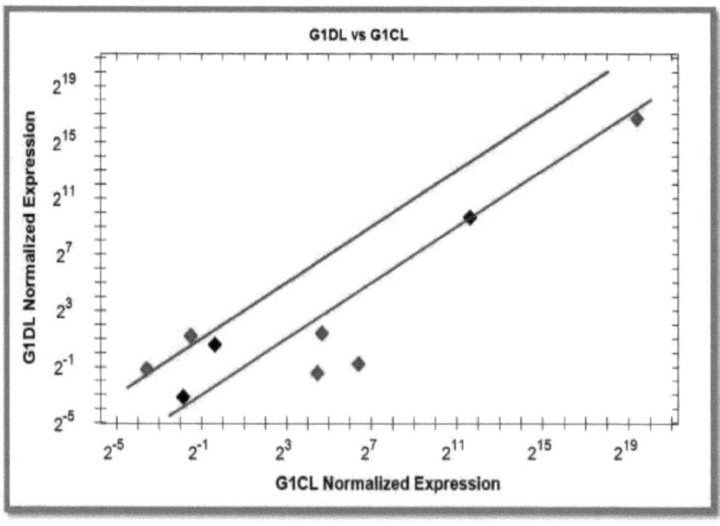

Fig. 4.28: Análise de gráficos de dispersão do tecido foliar para um gene de manutenção

da casa num controlo versus stress de seca de Pusa Navbahar

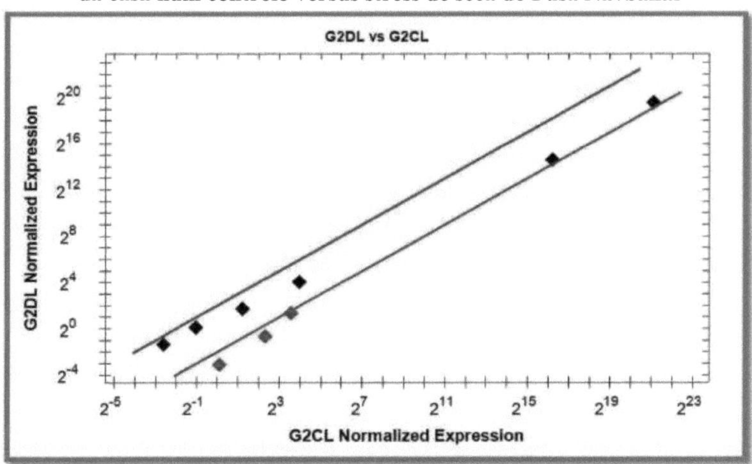

Fig. 4.29: Análise de gráfico de dispersão de tecido foliar para um gene de manutenção em controlo versus stress de seca de IC369860

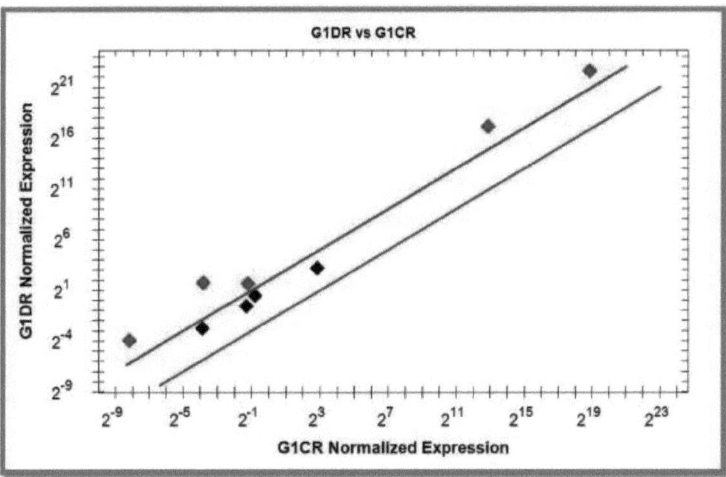

Fig. 4.30: Análise de gráfico de dispersão do tecido radicular para um gene de manutenção da casa num controlo versus stress de seca de Pusa Navbahar

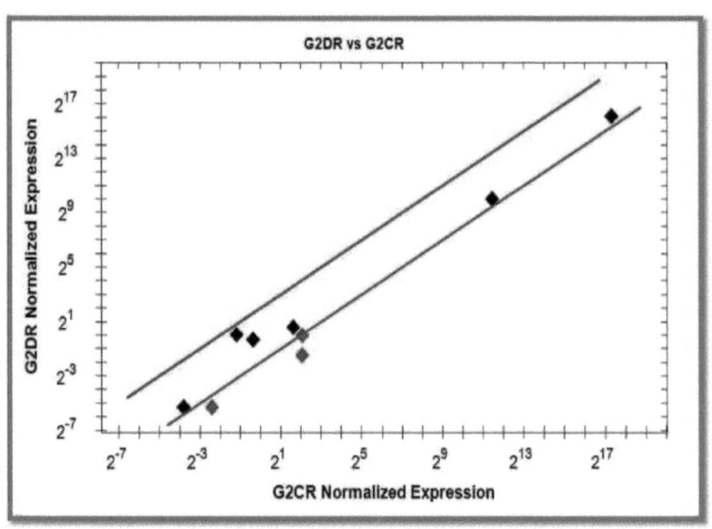

Fig. 4.31: Análise de gráfico de dispersão do tecido radicular para um gene de manutenção num controlo versus stress de seca de IC369860

4.6.2.3. Análise de gráficos de vulcões

O gráfico de vulcão (Fig. 4.32 a 4.35) mostra a alteração na expressão (regulação) de um alvo para uma amostra experimental em comparação com um controlo e indica o grau de significância com base no valor P (Quadro 4.13) (a probabilidade de uma diferença na expressão ser significativa).

- **Regulação ascendente (vermelho):** Maior expressão
- **Regulação negativa (verde):** Menor expressão
- **Sem alterações (preto)**

Tabela 4.13: Análise de gráfico de vulcão e expressão genética comparada com o limiar de regulação (valor P) sob stress de seca em ambos os genótipos de feijão de cacho

Amostras de seca	Pusa Navbahar Tecido foliar	IC369860 Tecido foliar	Pusa Navbahar Tecido radicular	IC369860 Tecido radicular
Gene	**1**	**1**	**1**	**1**
18SrRNA	1	NC	ĭ	NC
25SrRNA	NC	NC	ĭ	NC
ACT1	NC			
ACT11	ĭ	NC	NC	1
ADH3	NC	NC	ĭ	NC
EFla	1	1	ĭ	1
EF1B	1	1	NC	NC
IF4a	NC	NC	NC	NC
LEC	ĭ	1	ĭ	1
UBQ10	1	NC	NC	NC

Em que,1 = Comparado com o limiar de regulação (valor P), Regulado para baixo = |, **Regulado** para cima =ĭ, **Sem alterações = NC**

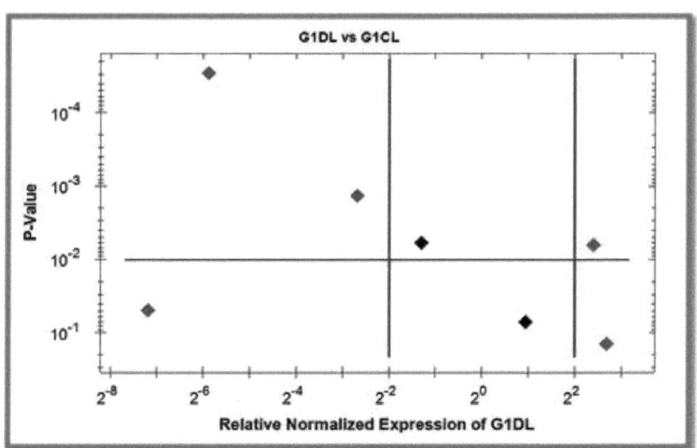

Fig. 4.32: Análise do gráfico de vulcão do tecido foliar para um gene de manutenção da casa num controlo versus stress de seca de Pusa Navbahar

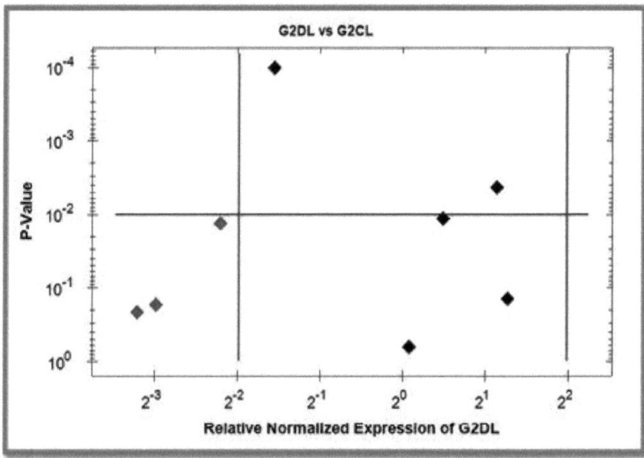

Fig. 4.33: Análise de gráfico de vulcão do tecido foliar para um gene de manutenção da casa num controlo versus stress de seca de IC369860

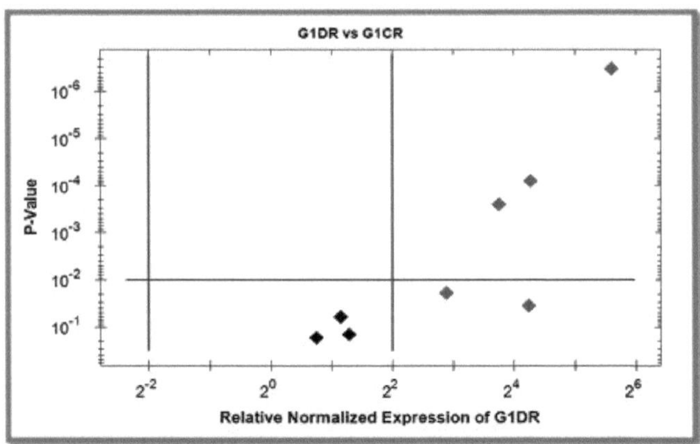

Fig. 4.34: Análise do gráfico de vulcão do tecido radicular para um gene de manutenção da casa num controlo versus stress de seca de Pusa Navbahar

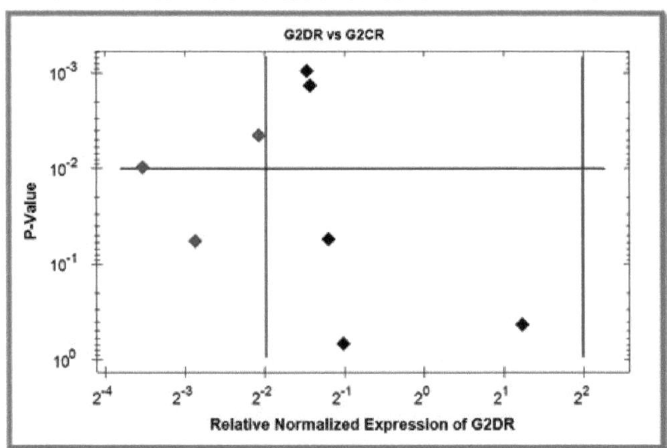

Fig. 4.35: Análise de gráfico de vulcão do tecido radicular para um gene de manutenção da casa num controlo versus stress de seca de IC369860

4.6.3. Método de quantificação relativa $2^{(-AAct)}$ para a avaliação do gene de referência, utilizando o gene *ACT1* de referência mais estável encontrado no estudo de clusters de feijão

Após a normalização efectuada pelo software, bem como pela RT-PCR e a seleção do gene de referência mais estável como *ACT1* para o feijão em condições de seca, pode haver uma alteração fold de outros genes que pode ser calculada pelo método de quantificação relativa $2^{(-Mct)}$.

A quantificação relativa do gene em condições de stress foi analisada através de alterações na expressão do gene em comparação com o controlo. As condições de controlo dos tecidos de ambos os genótipos (folha e raiz) foram utilizadas como calibrador. *O ACT1* foi utilizado como controlo endógeno (gene de referência) analisado pelo software CFX manager, geNorm, NormFinder e GeneEx.

Tabela 4.14: Alteração do nível de dobra (valor $2^{(-AAct)}$de genes de manutenção

selecionados (em comparação com o geneACT1)

Genes	Pusa Navbahar				IC369860			
	,\.\ct		2(-AAct)		,\.\ct		2(-AAct)	
	Folha	Raiz	Folha	Raiz	Folha	Raiz	Folha	Raiz
18SrRNA	2.68	-3.74	**0.15**	**13.44**	1.54	1.2	**0.34**	**0.43**
25SrRNA	2.04	-4.27	**0.24**	**19.35**	1.6	1.43	**0.32**	**0.37**
ACT11	-2.67	-1.28	**6.39**	**2.43**	-0.49	2.07	**1.41**	**0.23**
ADH3	1.31	-5.59	**0.4**	**48.59**	-1.28	1.46	**2.42**	**0.36**
EFla	3.28	-2.88	**0.1**	**7.36**	2.2	3.53	**0.21**	**0.08**
EF1B	5.87	-0.73	**0.01**	**1.66**	2.97	-1.21	**0.12**	**2.32**
IF4a	-0.94	-1.14	**1.91**	**2.21**	-1.14	-0.02	**2.21**	**1.01**
LEC	-2.38	-4.23	**5.23**	**18.82**	3.2	2.87	**0.1**	**0.13**
UBQ10	7.18	-0.66	**0.006**	**1.58**	-0.09	1.02	**1.06**	**0.49**

O valor $2^{(-AAct)}$ pode exprimir a alteração do nível de fold de genes individuais como referência ao *ACT1*, que é o gene mais estável para este estudo. Assim, com base nos dados apresentados no quadro 4.14, verificou-se que a maior alteração do nível de dobra foi registada no gene *ADH3* no tecido da raiz de Pusa Navbahar. Enquanto a alteração mais baixa do nível de dobras foi registada no *UBQ10*, que pode ser considerada como sem alteração do nível de dobras (0,006) no tecido foliar de Pusa Navbahar em condições de stress de seca. Enquanto que no IC369860 a maior alteração do nível de dobra ocorreu no gene *ADH3* no tecido foliar. Enquanto a alteração mais baixa do nível de dobra foi representada por *EFla*, que pode ser assumida como nenhuma alteração do nível de dobra (0,08) no tecido da raiz em condições de stress de seca.

Estes resultados estavam relacionados com o padrão de expressão dos genes dos genótipos tolerantes e susceptíveis à seca, o que se deve muito provavelmente aos diferentes materiais e/ou condições de stress utilizados. Os genes de referência ideais são os que apresentam níveis de expressão constantes. No entanto, esses genes podem não existir, uma vez que o crescimento das plantas é afetado pelo ambiente (Ma *et al.*, 2013). A indução de alterações observada na atividade de alteração do nível de fold induzida pela seca em espécies de leguminosas pode, por conseguinte, dever-se à modificação pós-traducional da forma imatura da enzima, *ou seja,* ao processamento/ativação do zimogénio (Cruz de Carvalho *et al.*, 2001).

Todos estes resultados estão em conformidade com uma série de estudos que mostram a importância dos genes de manutenção da casa sob stress hídrico em muitas leguminosas, *ou seja,* no feijão-frade por (Sinha *et al.*, 2015); no grão-de-bico por (Garget *al.*, 2010); na soja por (Ma *et al.*, 2013; Hu *et al.*, 2009) e no amendoim por (Reddy *et al.*, 2013).

O ACT1 é expresso de forma ubíqua em vários órgãos do grão-de-bico e foi proposto como um potencial gene de referência com base no seu padrão de expressão semelhante ao dos genes *ACT2* e *ACT8* da Arabidopsis, sem qualquer validação estatística (Peng *et al.*, 2010). *O ACT1*, um membro da família de genes da actina, foi até agora considerado o mais estável neste estudo, o que também está de acordo com diferentes espécies de amendoim (Morgante *et al.*, 2011). Por conseguinte, no presente estudo, *o ACT1* foi selecionado como o gene de referência endógeno mais estável do feijão-caupi, tal como utilizado no estudo preliminar e também sugerido por Vandesompele (2002).

Jain *et al.*, (2006) propuseram diferentes genes de controlo interno como os genes de controlo interno mais adequados, dependendo das condições experimentais e das espécies vegetais. Por exemplo, no arroz, *o UBQ10* e o *EFlaw foram* identificados como os genes mais estáveis numa vasta gama de amostras de tecidos e condições experimentais entre um conjunto de dez genes de controlo interno e *o EF1aw foi* considerado o segundo gene mais estável no conjunto do feijão.

O terceiro gene mais estável neste estudo foi o *ADH3*, que se revelou altamente estável nas principais amostras, incluindo os tecidos foliares de ambos os genótipos de feijão-caupi em condições normais. A *ADH3*, que codifica a enzima álcool desidrogenase de classe III e catalisa a interconversão de álcoois e aldeídos ou cetonas com a redução de NAD+ a NADH, desempenha um papel importante na redução da toxicidade da célula (Yokoyama *et al.*, 1993). Embora o *ADH3* não tenha sido utilizado frequentemente como gene de referência qPCR, relatórios anteriores mostraram a sua expressão estável em *Coffea arabica* e amendoim (*Barsalobres-Cavallariet al.*, 2009 e Brand *et al.*, 2010). No estudo com amendoim, *o ADH3* foi restringido aos estágios de desenvolvimento do grão (Brand *et al.*, 2010).

Considerando que *o gene ACT11* foi considerado moderadamente estável em toda a classificação de estabilidade sob stress hídrico, também foi afirmado com o estudo em amendoim (Chi *et al.*, 2012). No entanto, verificou-se que o gene *ACT11* era estável apenas durante as fases vegetativas do amendoim, o que indica que a sua expressão pode ter sido influenciada pelas condições experimentais em estudo (Chi *et al.*, 2012 e Reddy *et al.*, 2013).

O gene de manutenção *IF4a* (fator de iniciação 4a) identificado no presente estudo apresentava uma estabilidade global mais baixa e era também conhecido por ser uma RNA helicase e o protótipo da família de proteínas DEAD-box, que estão envolvidas numa variedade de processos celulares, incluindo a divisão, a biogénese dos ribossomas e a degradação do RNA (Merrick., 1992 e Benz *et al.* 1999).

Na soja, *o UBQ10* é o gene de referência mais frequentemente utilizado, mas há cada vez mais provas de que a sua expressão não é particularmente estável em determinadas condições, o que também está em conformidade com o presente estudo. Mais recentemente, surgiram alguns genes de referência alternativos. *O EF1B* foi um dos genes menos estáveis neste estudo, mas foi o mais estável num estudo sobre soja (Jian *et al.*, 2008 e Libault *et al.*, 2008).

O ACT11 e *o EF1B* foram os melhores em todos os diferentes períodos de iluminação examinados na soja, enquanto no feijão-caupi ambos foram moderadamente a mais estáveis. A actina 11 e o fator de alongamento 1-beta foram anotados funcionalmente para proteínas estruturais do citoesqueleto e alongamento da tradução, respetivamente (Ma *et al.,* 2013).

O 18SrRNA e *o 25SrRNA* também *são* normalmente utilizados como genes de controlo interno. No estudo do feijão cluster, a expressão do *18SrRNA* e do *25SrRNA* foi bastante variável, como revelado pelas suas estabilidades de expressão em todos os conjuntos de dados, pelo que não são adequados para normalização. Além disso, os seus níveis de expressão também eram muito elevados, excluindo a possibilidade de serem utilizados como genes de controlo interno para genes de interesse com expressão fraca ou moderada. Esta observação também está de acordo com o estudo indicado em soja (Libault *et al.*, 2008).

A inadequação do gene *LEC* (lectina) como gene de referência para estudos de expressão génica no feijão cluster está de acordo com o estudo do amendoim, onde mostrou a expressão menos estável em diferentes conjuntos experimentais analisados por Reddy *et al.*, (2013).

5 RESUMO E CONCLUSÕES

A presente investigação sobre **"Avaliação e validação de genes de manutenção para estudos de expressão genética no feijão-caupi [*Cyamopsis tetragonoloba* L. (Taub.)] em condições de stress hídrico"** foi realizada no Centro de Excelência em Biotecnologia e no Departamento de Fisiologia Vegetal, B. A. College of Agriculture, Anand Agricultural University, Anand, com os seguintes **objectivos**

1) Padronização do protocolo de isolamento de RNA de genótipos de feijão de cacho
2) Rastreio de genes endógenos amplificáveis através de RT-PCR (PCR em tempo real)
3) Identificação de genes expressos constitutivamente durante o stress hídrico em feijão de cacho através de RT-PCR (Real time- PCR)
4) Avaliação comparativa de genes expressos constitutivamente durante o stress hídrico entre genótipos

O material experimental era constituído por dez genótipos de feijão de cacho. Foram utilizadas duas condições mais extremas para selecionar através da expressão diferencial de genes por PCR em tempo real para o stress da seca, utilizando genes de referência em que *o ACT1* foi considerado o gene de referência mais estável.

Os parâmetros fisiológicos, nomeadamente o peso seco da folha, o teor relativo de água (RWC%), o teor de clorofila, a área foliar e o número de estomas por unidade de área foram estudados para o genótipo utilizado no estudo da expressão genética. Entre todos os genótipos, o Pusa Navbahar apresentou o peso seco e o teor relativo de água em percentagem mais elevados do que os outros genótipos. Enquanto o IC369860 teve o peso seco e o conteúdo relativo de água em percentagem mais baixos de todos os genótipos durante a comparação das condições de stress por seca. Da mesma forma, durante a condição de stress hídrico, verificou-se uma diminuição significativa do teor de clorofila, da área foliar e do número de estomas por unidade de área, sendo o valor mais baixo no Pusa Navbahar e o mais elevado no IC369860 entre todos os genótipos, em comparação com a condição de controlo. Assim, para o estudo final da expressão dos genes, foram selecionados dois genótipos, tendo o Pusa Navbahar sido considerado um genótipo tolerante à seca e o IC369860 um genótipo suscetível.

A extração de ARN puro e intacto é um pré-requisito para o estudo da expressão genética relativa, pelo que foi padronizado um protocolo do método de extração com fenol-clorofórmio (Ghawana *et al.*, 2011) para o mesmo. A concentração de RNA variou de 338,74-2341,62 ng/µі̃. O cDNA foi preparado a partir de uma mistura única de oligo (dT) e primers de hexâmeros aleatórios e transcriptase reversa modificada do vírus da leucemia murina de Moloney (MMLV), que mostrou uma única (algumas amostras mostraram múltiplas bandas claras indicando frangmentos de cDNA) com banda intacta de cada amostra quando executada em gel de agarose a 1%, demonstrando a integridade do cDNA. Para cada amostra de tecido, o cDNA foi utilizado para o rastreio de todos os 44 iniciadores (específicos do gene) através de PCR, cujos iniciadores apresentaram uma única banda em gel de agarose a 2,5%, gerando amplicões de tamanho entre 92 pb *(25SrRNA)* e 356 pb (*LEC*), que foram selecionados para amplificação e validação dos genes endógenos *EFla, EF1B, UBQ10, 18SrRNA*, *25SrRNA*, *ACT1*, *ACT11*, *IF4a*, *ADH3* e *LEC*.

O gráfico de amplificação da *EF1a* na PCR em tempo real mostrou um valor médio de RFU no ponto final de 22423 e na linha de limiar com um Ct médio de 27,72. A curva de dissociação da *EFla* mostrou um único pico a 78,56 oc Tm que indicava um produto

amplificado específico. Os valores de quantificação relativa para *EFla* mostraram uma alteração de 0,1 e 7,36 vezes para o stress de seca em Pusa Navbahar de tecidos de folhas e raízes, respetivamente, e uma alteração de 0,21 e 0,08 vezes para o stress de seca em IC369860 de tecidos de folhas e raízes, respetivamente. *EF1a* é altamente expresso no genótipo tolerante à seca Pusa Navbahar do que no genótipo suscetível IC369860.
O gráfico de amplificação da *EFlB* na PCR em tempo real mostrou um valor médio de RFU no ponto final de 26132 e na linha de limiar com um Ct médio de 28,99. A curva de dissociação da *EFlB* mostrou um único pico a 80,31 ^{0}C Tm que indicava um produto amplificado específico. Os valores de quantificação relativa para *EFlB* mostraram uma alteração de 0,01 e 1,66 vezes para o stress de seca em Pusa Navbahar de tecidos de folhas e raízes, respetivamente, e uma alteração de 0,12 e 2,32 vezes para o stress de seca em IC369860 de tecidos de folhas e raízes, respetivamente. *A EFlB* é expressa em maior número de vezes no genótipo suscetível IC369860 do que no genótipo tolerante à seca Pusa Navbahar.
O gráfico de amplificação da PCR em tempo real do *UBQl0* mostrou um valor médio de RFU do ponto final de 27257 e na linha de limiar com um Ct médio de 26,50, a curva de dissociação do *UBQl0* mostrou um único pico a 80,68 ^{0}C Tm que indicava um produto amplificado específico. Os valores de quantificação relativa para *UBQl0* mostraram uma variação de 0,006 e 1,58 para o stress de seca em Pusa Navbahar de tecidos de folhas e raízes, respetivamente, e uma variação de 1,06 e 0,49 para o stress de seca em IC369860 de tecidos de folhas e raízes, respetivamente. *A UBQ10* é expressa em maior número de vezes no genótipo suscetível IC369860 do que no genótipo tolerante à seca Pusa Navbahar nos tecidos foliares e vice-versa nos tecidos radiculares.
O gráfico de amplificação da PCR em tempo real do *18SrRNA* mostrou um valor médio de RFU do ponto final de 33477 e na linha de limiar com um Ct médio de 10,31, que é o valor de ciclo de limiar mais baixo de todos os dez genes de manutenção selecionados. A curva de dissociação do *18SrRNA* mostrou um único pico a 83,00 ^{0}C Tm que indicava um produto amplificado específico. Os valores de quantificação relativa do *18SrRNA* revelaram uma alteração de 0,15 e 13,44 vezes em relação ao stress de seca em Pusa Navbahar para os tecidos das folhas e das raízes, respetivamente, e uma alteração de 0,34 e 0,43 vezes em relação ao stress de seca em IC369860 para os tecidos das folhas e das raízes, respetivamente. *O 18SrRNA* é mais expresso nos tecidos radiculares do genótipo tolerante à seca Pusa Navbahar do que nos tecidos foliares do genótipo suscetível IC369860 e ligeiramente diferente nos tecidos foliares.
O gráfico de amplificação da PCR em tempo real do *25SrRNA* mostrou um valor médio de RFU do ponto final de 19825 e na linha de limiar com um Ct médio de 16,31, que é o segundo valor de ciclo de limiar mais baixo entre todos os dez genes de manutenção selecionados. A curva de dissociação do *25SrRNA* mostrou um único pico a 78,50 ^{0}C Tm, que foi o mais baixo de todos os Tm e também indicou um produto amplificado específico. Os valores de quantificação relativa para o *25SrRNA* revelaram uma alteração de 0,24 e 19,35 vezes para o stress de seca em Pusa Navbahar, para os tecidos das folhas e das raízes, respetivamente, e uma alteração de 0,32 e 0,37 vezes para o stress de seca em IC369860, para os tecidos das folhas e das raízes, respetivamente. *O 25SrRNA* é expresso em maior número de vezes no genótipo tolerante à seca Pusa Navbahar do que no genótipo suscetível IC369860, nos tecidos radiculares, e em menor número de vezes nos tecidos foliares. No IC369860, não se registaram diferenças significativas na expressão do *25SrRNA* nos tecidos das folhas e das raízes.

O gráfico de amplificação da PCR em tempo real do *ACT1* mostrou um valor médio de RFU do ponto final de 26913 e na linha de limiar com um Ct médio de 29,27, que foi o gene de manutenção mais estável de acordo com a análise do software estatístico geNorm e NormFinder de todos os conjuntos de amostras, bem como de diferentes amostras de tecido incluídas na comparação global da classificação de estabilidade para este estudo. A curva de dissociação do *ACT1* mostrou um único pico a 83,00 ^{0}C Tm e indicou um produto amplificado específico. Para a previsão dos valores de quantificação relativa de outros genes de manutenção, *o ACT1* foi utilizado como gene de referência devido à sua classificação de estabilidade mais elevada.

O gráfico de amplificação da PCR em tempo real do *ACT11* mostrou um valor médio de RFU no ponto final de 26058 e na linha de limiar com um Ct médio de 28,72. A curva de dissociação do *ACT11* mostrou um único pico a 81,00 ^{0}C Tm que indicava um produto amplificado específico. Os valores de quantificação relativa para *ACT11* mostraram uma alteração de 6,39 e 2,43 vezes para o stress de seca em Pusa Navbahar de folhas e tecidos de raiz, respetivamente, e uma alteração de 1,41 e 0,23 vezes para o stress de seca em IC369860 de folhas e tecidos de raiz, respetivamente. *O ACT11* é altamente expresso no genótipo tolerante à seca Pusa Navbahar do que no genótipo suscetível IC369860.

O gráfico de amplificação da PCR em tempo real de *IF4a,* mostrou um valor médio de RFU de ponto final 21828 e na linha de limiar com um Ct médio de 28,72, a curva de dissociação de *IF4a,* mostrou um único pico a 79,81 oc Tm que indicou um produto amplificado específico. Os valores de quantificação relativa para *IF4a* mostraram uma alteração de 1,91 e 2,21 para o stress de seca em Pusa Navbahar nos tecidos da folha e da raiz, respetivamente, e uma alteração de 2,21 e 1,01 para o stress de seca em IC369860 nos tecidos da folha e da raiz, respetivamente. *O IF4a* é expresso em maior número de vezes no genótipo tolerante à seca Pusa Navbahar do que no genótipo suscetível IC369860 nos tecidos radiculares, enquanto no tecido foliar o nível de expressão é inversamente proporcional.

O ADH3 apresentou uma expressão variável de alteração do nível fold no genótipo Pusa Navbahar entre os tecidos. O gráfico de amplificação de PCR em tempo real do *ADH3* mostrou um valor médio de RFU de ponto final de 19382 e na linha de limiar com um Ct médio de 31,73, que foi o segundo maior valor do ciclo de limiar entre outros genes de manutenção da casa. A curva de dissociação do *ADH3* mostrou um único pico a 80,00 ^{0}C Tm que indicou um produto amplificado específico. Os valores de quantificação relativa para *ADH3* mostraram uma alteração de 0,4 e 48,59 vezes para o stress de seca em Pusa Navbahar de tecidos de folhas e raízes, respetivamente, e uma alteração de 2,42 e 0,36 vezes para o stress de seca em IC369860 de tecidos de folhas e raízes, respetivamente. *A ADH3* apresentou a maior alteração de fold expressa no genótipo tolerante à seca Pusa Navbahar do que no genótipo suscetível IC369860 para os tecidos radiculares, enquanto que a alteração de fold foi ligeiramente inversa no tecido foliar.

O LEC não apresentou qualquer alteração significativa do nível de expressão no genótipo IC369860 entre os tecidos. O gráfico de amplificação de PCR em tempo real de *LEC* mostrou um valor médio de RFU de ponto final de 17064 e na linha de limiar com um Ct médio de 32,64, que foi o maior valor do ciclo de limiar entre outros genes de manutenção, a curva de dissociação de *LEC* mostrou um único pico a 85,50 ^{0}C Tm também com o Tm mais elevado entre todos os genes de manutenção também indicou um produto amplificado específico. Os valores de quantificação relativa para *LEC* revelaram uma alteração de 5,23 e 18,82 vezes para o stress de seca em Pusa Navbahar dos tecidos da folha e da raiz, respetivamente, e uma alteração de 0,1 e 0,13 vezes para o stress de seca em IC369860 dos tecidos da folha e da raiz, respetivamente. *A LEC* é altamente expressa no genótipo tolerante à seca Pusa Navbahar do que no genótipo suscetível IC369860.

A análise de clustergrama mostrou a semelhança no padrão de expressão por amostras e genes através de três análises de dendograma de cluster. O gráfico de dispersão foi comparado com amostras de controlo versus tratamento de seca de ambos os genótipos e o gráfico de vulcão analisou o valor de P para a expressão dos genes.

O perfil de expressão de genes de controlo selecionados para condições de stress de seca identificou *o ACT1* como o gene de controlo mais estável, seguido do *EF1a* e do *ADH3*, enquanto *o LEC* e o *25SrRNA* foram considerados os genes de controlo menos estáveis. É importante salientar que esta análise também sugeriu que os genes de manutenção como o *LEC* e *o 25SrRNA* devem ser evitados como controlo interno em estudos de perfis de expressão para condições de stress por seca.

A validação dos genes de referência estáveis identificados utilizando o gene candidato visado aumenta a fiabilidade dos resultados da análise da expressão dos genes candidatos. Por conseguinte, pode concluir-se que os genes estáveis identificados através da classificação dos genes housekeeping, utilizando diferentes algoritmos, podem ser utilizados como controlo interno em estudos de perfis de expressão em condições de stress hídrico.

No entanto, durante a análise em condições de stress de seca, observou-se um nível mais elevado de expressão de genes nas raízes do que nas folhas. Para se ter uma ideia desta situação, é necessário efetuar um estudo pormenorizado no futuro.

Como o gene *ACT1* mais estável encontrado neste estudo, a análise também revelou que o gene interno mais utilizado (*ACT1*) e o gene menos estável (*25SrRNA*) apresentaram níveis significativos de diferenças de expressão entre genes estáveis para uma ou duas fases específicas do tecido (Sinha *et al.*, 2015).

Tendo em conta as alterações climáticas, sob a forma de aumento das temperaturas e de alteração da humidade do solo, os genes *ADH3, ACT11, EF1a e 18SrRNA* são altamente estáveis. Genes como o *ACT1*, gene de referência no feijão de cacho em condições de stress por seca, podem ser os melhores genes para a atividade de transformação em condições de stress por seca.

A compreensão básica dos mecanismos subjacentes ao funcionamento dos genes de stress é importante para o desenvolvimento de plantas transgénicas. Cada stress abiótico é uma caraterística multigénica e, por conseguinte, a sua manipulação pode resultar na alteração de um grande número de genes, bem como dos seus produtos. Uma compreensão mais profunda dos factores de transcrição que regulam estes genes de manutenção, os produtos dos principais genes que respondem ao stress e a interação entre componentes de sinalização divergentes devem continuar a ser uma área de intensa atividade de investigação no futuro. Assim, o presente trabalho pode ser realizado através da sequenciação do genoma do feijão-caupi e da análise genómica comparativa para estudos aprofundados dos padrões de expressão diferencial dos genes de manutenção (Mahajan e Tuteja, 2005).

REFERÊNCIAS

Ainsworth, C. (1994). Isolamento de ARN de tecido floral de *Rumex acetosa* (Sorrel). *Plant Molecular Biology Reporter*, 12(3), 198-203.

Ammar, M. H., Anwar, F., El-Harty, E. H., Migdadi, H. M., Abdel-Khalik, S. M., Al-Faifi, S. A. & Alghamdi, S. S. (2015). Respostas fisiológicas e de rendimento do feijão faba (*Vicia faba* L.) ao estresse hídrico em ambientes gerenciados e de campo aberto. *Jornal de agronomia e ciência das culturas*, 201(4), 280-287.

Ammar, M. H., Khan, A. H., Migdadi, H. M., Abdelkhalek, S. M. & Alghamdi, S. S. (2016). Identificação e validação do gene responsivo à seca do feijão Faba. *Saudi Journal of Biological Science*, 24, 80-90.

Andersen, C. L., Jensen, J. L. & Orntoft, T. F. (2004). Normalization of real-time quantitative reverse transcription-PCR data: a model-based variance estimation approach to identify genes suited for normalization, applied to bladder and colon cancer data sets. *Cancer research*, 64(15), 5245-5250.

Anónimo (2014). https://ccsniam.gov.in/images/pdfs/Final_Guar_Report.pdf

Anónimo (2016). https://www.doh.gujarat. gov.in/Images/directorofhorticulture/pdf/ statistics/Area-Production-2015-16.pdf

Arunyanark, A., Jogloy, S., Akkasaeng, C., Vorasoot, N., Kesmala, T., Nageswara Rao, R. C. & Patanothai, A. (2008). A estabilidade da clorofila é um indicador da tolerância à seca no amendoim. *Journal of Agronomy and Crop Science*, 194(2), 113-125.

Bajji, M., Kinet, J. M. & Lutts, S. (2002). A utilização do método de fuga de electrólitos para avaliar a estabilidade da membrana celular como um teste de tolerância ao stress hídrico no trigo duro. *Regulação do Crescimento das Plantas*, 36(1), 61-70.

Barrs H. D. & Weatherley P. E. (1962). A re-examination of the relative turgidity technique foe estimating water deficits in leaves. *Australian Journal* of *Biological Sciences*, 15, 413-428.

Barsalobres-Cavallari, C. F., Severino, F. E., Maluf, M. P. & Maia, I. G. (2009). Identificação de genes de controlo interno adequados para estudos de expressão em *Coffea arabica* em diferentes condições experimentais. *BMC molecular biology*, 10(1), 1-11.

Bastidas, O. (2013). Contagem de células com câmara de neubauer, utilização básica do hemocitómetro. *Nota técnica - Contagem de células em câmara de Neubauer*. 1-6.

Benedito, V. A., Torres-Jerez, I., Murray, J. D., Andriankaja, A., Allen, S., Kakar, K. & Moreau, S. (2008). Um atlas de expressão génica da leguminosa modelo *Medicago truncatula*. *The Plant Journal*, 55(3), 504-513.

Benz, J., Trachsel, H. & Baumann, U. (1999). Estrutura cristalina do domínio ATPase do fator de iniciação da tradução 4A de *Saccharomyces cerevisiae - o* protótipo da família de proteínas DEAD box. *Structure*, 7(6), 671-679.

Bhadoria, R. B. S. & Chauhan, D. V. S. (1994). Response of clusterbean (*Cyamopsis tetragonolaba*) to date of sowing and spacing. *Indian Journal of Agronomy*, 39(1), 156-157.

Bhosle, S. S. & Kothekar, V. S. (2010). Eficiência e eficácia mutagénica no feijão de cacho [*Cyamopsis tetragonoloba* L. (Taub.)]. *Journal of Phytology*, 2(6), 21-27.

Blum, A. & Johnson, J. W. (1993). As cultivares de trigo respondem de forma diferente a uma secagem da camada superior do solo e a um possível sinal radicular não hidráulico. *Journal of Experimental Botany*, 44(7), 1149-1153.

Boghara, M. C., Dhaduk, H. L., Kumar, S., Parekh, M. J., Patel, N. J. & Sharma, R. (2015).

Divergência genética, análise de caminho e análise de diversidade molecular em feijão de cacho *[Cyamopsis tetragonoloba* L. (Taub.)]. *Industrial Crops* and *Products,* 89, 468-477.
Boyer, J. S. (1982). Produtividade das plantas e ambiente. *Science*, 218(4571), 443-448.
Brand, Y. & Hovav, R. (2010). Identificação de genes de controlo interno adequados para análises de expressão de PCR quantitativa em tempo real em amendoim (*Arachis hypogaea*). *Peanut Science*, 37(1), 12-19.
Bustin, S. A. (2000). Absolute quantification of mRNA using real-time reverse transcription polymerase chain reaction assays. *Journal of Molecular Endocrinology*, 25, 169-193.
Bustin, S. A. (2002). Quantificação do ARNm através de PCR de transcrição reversa (RT-PCR) em tempo real: tendências e problemas. *Journal of Molecular Endocrinology,* 29, 23-39.
Butte A. J. (2001). Definição de gene endógeno ou genes de manutenção. *Physiological Genomics*, 7, 95-96.
Sistemas de deteção de PCR em tempo real CFX96 Touch™, CFX96 Touch Deep Well™, CFX Connect™ e CFX384 Touch™. Obtido em https://www.bio- rad.com/ en-in/category/real-time-pcr-detection-systems
Chang, S., Puryear, J. & Cairney, J. (1993). Um método simples e eficiente para isolar RNA de pinheiros. *Plant Molecular Biology Reporter,* 11, 113-116.
Chaves, M. M. (1991). Efeitos do défice hídrico na assimilação do carbono. *Jornal de Botânica Experimental*, 42(1), 1-16.
Chervoneva, I., Li, Y., Schulz, S., Croter, S., Wilson, C., Weldman, S. A. & Terry, H. (2010). Seleção de genes de referência óptimos para normalização em qRTPCR. *BMC Bioinformatics,* 11, 253.
Chi, X., Hu, R., Yang, Q., Zhang, X., Pan, L., Chen, N. & Yu, S. (2012). Validação de genes de referência para estudos de expressão gênica em amendoim por RT-PCR quantitativo em tempo real. *Molecular Genetics and Genomics*, 287(2), 167-176.
Chomczynski, P. & Mackey, K. (1995). Modificação do procedimento do reagente TRI para isolamento de RNA de fontes ricas em polissacáridos e proteoglicanos. *Biotechniques*, 19(6), 942-945.
Chomczynski, P. (2010). *Patente dos EUA n.º 7.794.932*. Washington, DC: Escritório de Patentes e Marcas Registradas dos EUA.
Clavel, D., Diouf, O., Khalfaoui, J. L. & Braconnier, S. (2006). Variações genotípicas nos parâmetros de fluorescência entre linhas de amendoim (*Arachis hypogaea* L.) estreitamente relacionadas e o seu potencial para programas de rastreio da seca. *Field Crops Research*, 96(2-3), 296-306.
Cruz de Carvalho, M. H., d'Arcy-Lameta, A., Roy-Macauley, H., Gareil, M., El Maarouf, H., Pham-Thi, A. T. & Zuily-Fodil, Y. (2001). Aspartic protease in leaves of common bean (*Phaseolus vulgaris* L.) and cowpea [*Vigna unguiculata* L. (Walp)]: enzymatic activity, gene expression and relation to drought susceptibility. *FEBS letters*, 492(3), 242-246.
Daohong, W., Bochu, W., Biao, L., Chuanren, D. & Jin, Z. (2004). Extração de ARN total de crisântemo contendo níveis elevados de fenólicos e hidratos de carbono. *Colloids and Surfaces B: Biointerfaces*, 36(2), 111-114.
Davies, W. J. & Zhang, J. (1991). Sinais de raiz e a regulação do crescimento e desenvolvimento de plantas em solo seco. *Revisão anual de biologia vegetal*, 42(1), 55-76.
De Carvalho, M. H. C., Laffray, D. & Louguet, P. (1998). Comparação das respostas fisiológicas de cultivares *de Phaseolus vulgaris* e *Vigna unguiculata* quando submetidas a

condições de seca. *Botânica Ambiental e Experimental*, 40(3), 197-207.

Dhugga, K. S., Barreiro, R., Whitten, B., Stecca, K., Hazebroek, J., Randhawa, G. S., Dolan, M., Kinney, A. J., Tomes, D. & Nichols, S. (2004). Guar seed- mannansynthase é um membro da super família de genes da celulose sintase. *Journal of Plant Science*, 303, 363-366.

Fathi, A. & Tari, D. B. (2016). Efeito do estresse hídrico e seu mecanismo nas plantas. *Revista Internacional de Ciências da Vida*, 10(1), 1-6.

França, M. G. C., Thi, A. T. P., Pimentel, C., Rossiello, R. O. P., Zuily-Fodil, Y. & Laffray, D. (2000). Diferenças no crescimento e nas relações hídricas entre cultivares *de Phaseolus vulgaris* em resposta ao stress hídrico induzido. *Botânica Ambiental e Experimental*, 43(3), 227-237.

Fukshansky, L., Remisowsky, A. M. V., McClendon, J., Ritterbusch, A., Richter, T. & Mohr, H. (1993). Espectro de absorção de folhas corrigido para dispersão e erro de distribuição: um tratamento estatístico de transferência radiativa e absorção. *Photochemistry and photobiology*, 57(3), 538-555.

Furlan, A., Llanes, A., Luna, V. & Castro, S. (2012). Respostas fisiológicas e bioquímicas ao estresse por seca e posterior reidratação na associação simbiótica Amendoim-Bradyrhizobium sp. *Rede Internacional de Pesquisa Acadêmica de Agronomia*, 2012.

Galli, V., Messias, R. S., Anjos, S. D. & Rombaldi, C. V. (2013). Seleção de genes de referência confiáveis para estudos de reação em cadeia da polimerase quantitativa em tempo real em grãos de milho. *Plant Cell Report*, 32, 1869-1877.

Garg, R., Sahoo, A., Tyagi, A. K. & Jain, M. (2010). Validação de genes de controlo interno para estudos de expressão genética quantitativa em grão-de-bico (*Cicer arietinum* L.). *Biochemical and Biophysical Research Communications*, 396, 283-288.

Ghawana, S., Paul, A., Kumar, H., Kumar, A., Singh, H., Bhardwaj, P. K. & Kumar, S. (2011). Um sistema de isolamento de RNA para tecidos vegetais ricos em metabólitos secundários. *BMC Research Notes*, 4(1), 85.

Gillette, J. B. (1958). Indigofera (Microcharis) na África tropical com os géneros relacionados *Cyamopsis* e *Rhyncotropis*. *Kew Bulletin Additional Series,* 1, 1-66.

Gimeno, J., Eattock, N., Deynze, A. V. & Blumwald, E. (2014). Seleção e validação de genes de referência para análise de expressão gênica em switchgrass (*Panicum virgatum*) usando Quantitative Real-Time RT-PCR. *PLoS One,* 9(3). 1-12.

Goldstein, A. M. & Alter, E. N. (1959). Goma guar, gomas industriais, polissacarídeos e seus derivados. *In: Whistler, R.L. (3rd Ed.). Academic Press*, Nova Iorque.

Gunes, A., Inal, A., Adak, M. S., Bagci, E. G., Cicek, N. & Eraslan, F. (2008). Efeito do stress hídrico implementado na fase pré- ou pós-antese em alguns parâmetros fisiológicos como critério de seleção em cultivares de grão-de-bico. *Jornal Russo de Fisiologia Vegetal*, 55(1), 59-67.

Gutierrez, N., Giménez, M. J., Palomino, C. & Avila, C. M. (2011). Avaliação de genes de referência candidatos para estudos de expressão em *Vicia faba* L. por PCR quantitativo em tempo real. *Molecular Breeding*, 28(1), 13-24.

Hamidou, F., Zombre, G. & Braconnier, S. (2007). Respostas fisiológicas e bioquímicas de genótipos de feijão-frade ao stress hídrico em condições de estufa e de campo. *Journal of Agronomy and Crop Science*, 193(4), 229-237.

Heid C. A., Stevens J., Livak K. J. & Williams P. M. (1996). PCR quantitativo em tempo real. *Genome* Research, 6, 986-994.

Higuchi, R., Dollinger, G., Walsh, P. S. & Griffith, R. (1992). Amplificação e deteção simultâneas de sequências específicas de ADN. *Biotechnology,* 10, 413-417.
Higuchi, R., Fockler, C., Dollinger, G. & Watson, R. (1993). Análise cinética de PCR: monitorização em tempo real de reacções de amplificação de ADN. *Biotechnology,* 11, 1026-1030.
Hruz, T., Wyss, M., Docquier, M., Pfaffl, M. W., Masanetz, S. & Borghi1, L. (2011). Identificação de genes de referência fiáveis e específicos da condição para a normalização de dados RT-qPCR. *BMC Genomics*, 12, 156.
Hsiao, T. C. (1982). Continuum solo-planta-atmosfera em relação à seca e à produção vegetal. *Resistência à seca em culturas com ênfase no arroz.*
Hu, R., Fan, C., Li, H., Zhang, Q. & Fu, Y. F. (2009). Avaliação de genes de referência putativos para normalização da expressão genética em soja por RT-PCR quantitativo em tempo real. *BMC Molecular Biology,* 10(93), 1-12.
Imai, T., Ubi, B. E., Saito, T. & Moriguchi, T. (2014). Avaliação de genes de referência para normalização precisa da expressão gênica para PCR quantitativa em tempo real em *Pyrus pyrifolia* usando diferentes amostras de tecido e condições sazonais. *PLoS One,* 9(1), 1-11.
Introduction to quantitative PCR methods and applications guide manual, An Agilent Technologies Company. Obtido em www.stratagene.com
Jain, M., Misra, G., Patel, R. K., Priya, P., Jhanwar, S., Khan, A. W. & Yadav, M. (2013). Um projeto de sequência do genoma do grão-de-bico da cultura de leguminosas (*Cicer arietinum* L.). *The Plant Journal*, 74(5), 715-729.
Jain, M., Nijhawan, A., Tyagi, A. K. & Khurana, J. P. (2006). Validação de genes housekeeping como controlo interno para o estudo da expressão genética no arroz por PCR quantitativa em tempo real. *Biochemical and Biophysical Research Communications,* 345, 646-651.
Jian, B., Liu, B., Bi, Y., Hou, W., Wu, C. & Han, T. (2008). Validação do controlo interno para o estudo da expressão genética em soja por PCR quantitativa em tempo real. *BMC molecular biology*, 9(1), 59.
Kumar, A. & Sharma, K. D. (2009). Physiological responses and dry matter partitioning of summer mungbean (*Vigna radiata* L.) genotypes subjected to drought conditions. *Journal of Agronomy and Crop science*, 195(4), 270-277.
Kumar, D. & Singh, N. B. (2002). Guar in India. *Scientific Publishers* (Jodhpur), Índia.
Kumar, S. & Hissaria, M. (2009). Goma Guar - Uma fonte abundante para as necessidades de espessamento. *Empreendedor de Ciência e Tecnologia,* 1-9.
Kumar, S., Modi, A. R., Parekh, M. J., Mahla, H. R., Sharma, R., Fougat, R. S., Yadav, D., Yadav, N. R. & Patil, G. B. (2017). Papel das abordagens convencionais e biotecnológicas para o melhoramento genético do feijão cluster. *Culturas e Produtos Industriais*, 97, 639-648.
Kumar, S., Parekh, M. J., Patel, C. B., Zala, H. N., Sharma, R., Kulkarni, K. S., Fougat, R. S., Bhatt, R. K. & Sakure, A. A. (2015). Desenvolvimento e validação de marcadores SSR derivados de EST e análise de diversidade em feijão de cacho (*Cyamopsis tetragonoloba*). *Journal* of *Plant Biochemistry* and *Biotechnology,* 25(3), 263-269.
Kuravadi, A. N., Tiwari, P. B., Choudhary, M., Tripathi, S. K. & Dhugga, K. S. (2013). Estudo da diversidade genética de raças terrestres de feijão cluster [*Cyamopsis tetragonoloba* L. (Taub.)] usando marcadores RAPD e ISSR. *Revista Internacional de Pesquisa Avançada em Biotecnologia*, 4, 460-471.
Le, D. T., Aldrich, D. L., Valliyodan, B., Watanabe, Y., Ha, C. V., Nishiyama, R.,

Guttikonda, S. K., Quach, T. N., Gutierrez-Gonzalez, J. J., Tran, L. S. P. & Nguyen, H. T. (2012). Avaliação de genes de referência candidatos para normalização de RT-PCR quantitativo em tecidos de soja sob várias condições de estresse abiótico. *PLoS One*, 7(9), 1-10.

Libault, M., Thibivilliers, S., Bilgin, D. D., Radwan, O., Benitez, M., Clough, S. J. & Stacey, G. (2008). Identificação de quatro genes de referência da soja para normalização da expressão genética. *The Plant Genome*, 1(1), 44-54.

Livak, W. (1997, 2001). Sistema de deteção de sequências ABI Prism 7700, Boletim do utilizador - 2. Quantificação relativa da expressão génica. Publicação da empresa ABI.

Ma, S., Niu, H., Liu, C., Zhang, J., Hou, C. & Wang, D. (2013). Estabilidades de expressão de genes de referência candidatos para RT-qPCR sob diferentes condições de stress na soja. *PLoS One*, 8(10).

Mahajan, S. & Tuteja, N. (2005). Cold, salinity and drought stresses: an overview. *Archives of Biochemistry and Biophysics*, 444(2), 139-158.

Manji, M. & Tasuro, K. (1964). *Patente dos EUA n.º 3.163.638*. Washington, DC: U.S. Patent and Trademark Office.

Meijerink (2001). Um novo método para compensar as diferentes eficiências de amplificação entre amostras de ADN de doentes na PCR quantitativa em tempo real. *Journal of Molecular Diagnostics,* 3(2), 55-61.

Merrick, W. C. (1992). Mechanism and regulation of eukaryotic protein synthesis (Mecanismo e regulação da síntese proteica eucariótica). *Microbiological Reviews*, 56(2), 291-315.

Morgante, C. V., Guimarães, P. M., Martins, A. C., Araújo, A. C., Leal-Bertioli, S. C., Bertioli, D. J. & Brasileiro, A. C. (2011). Genes de referência para estudos de expressão quantitativa por transcrição reversa-reação em cadeia da polimerase em amendoim silvestre e cultivado. *BMC Research Notes*, 4(1), 339.

Morse, D. L., Caroll, D., Weberg, Borgstrom, M. C., Ranger-Moore, J. & Gillies, R. J. (2005). Determinação do padrão interno adequado para a quantificação do mRNA do aumento da progressão do cancro em células da mama humana por PCR em tempo real. *Analytical Biochemistry,* 342(1), 69-77.

Mylvaganam, S., Zhang, L., Wu, C., Zhang, Z. J., Samoilova, M., Eubanks, J. & Poulter, M. O. (2010). As convulsões do hipocampo alteram a expressão do transcriptoma da pannexina e da conexina. *Journal of Neurochemistry*, 112(1), 92-102.

Nautiyal, P. C., Rachaputi, N. R. & Joshi, Y. C. (2002). Moisture-deficit-induced changes in leaf-water content, leaf carbon exchange rate and biomass production in groundnut cultivars differing in specific leaf area. *Field Crops Research*, 74(1), 67-79.

Neves-Borges, A. C., Guimarães-Dias, F., Cruz, F., Mesquita, R. O., Nepomuceno, A. L., Romano, E., Loureiro, M. E., Grossi-de-Sá, M. F. & Alves-Ferreira, M. (2012). Padrão de expressão de genes marcadores de stress de seca em raízes de soja sob dois sistemas de défice hídrico. *Genética e Biologia Molecular*, 35(1), 212221.

Nicot, N., Hausman, J., Hoffmann, L. & Evers, D. (2005). Seleção de genes housekeeping para normalização de RT-PCR em tempo real em batata durante stress biótico e abiótico. *Journal of the Society of Experimental Botany,* 56(421), 2907-2914.

Nunes, C., de Sousa Araújo, S., da Silva, J. M., fevereiro, M. P. S. & da Silva, A. B. (2008). Respostas fisiológicas da leguminosa modelo *Medicago truncatula cv.* Jemalong ao défice hídrico. *Botânica Ambiental e Experimental,* 63(1-3), 289-296.

Onate-Sanchez, L. & Vicente-Carbajosa, J. (2008). Protocolos de isolamento de RNA sem DNA para *Arabidopsis thaliana*, incluindo sementes e síliquas. *BMC Research Notes*, 1(1), 93.

Pang, J., Yang, J., Ward, P., Siddique, K. H., Lambers, H., Tibbett, M. & Ryan, M. (2011). Respostas contrastantes ao stress da seca em leguminosas herbáceas perenes. *Plant and Soil*, 348(1-2), 299.

Panse, V. G. & Sukhatme, P. V. (1978). Statistical methods for agricultural workers. Nova Deli: Conselho Indiano de Investigação Agrícola.

Paolacci, A. R., Tanzarella, O. A., Porceddu, E. & Ciaffi, M. (2009). Identificação e validação de genes de referência para normalização quantitativa de RT-PCR em trigo. *BMC Molecular Biology*, 10(11), 1-27.

Patil, D. V. (2014). Variabilidade Genética e Efeito das Datas de Semeadura dos Genótipos de Feijão Cluster [*Cyamopsis tetragonoloba* L., (Taub)] na Região Semi Árida de Maharashtra, Índia. *Plant Archiv*, 14(1), 1-6.

Peng, H., Cheng, H., Yu, X., Shi, Q., Zhang, H., Li, J. & Ma, H. (2010). Análise molecular de um gene de actina, CarACT1, do grão-de-bico (*Cicer arietinum* L.). *Molecular Biology Reports*, 37(2), 1081.

Portillo, M., Fenoll, C. & Escobar, C. (2006). Avaliação de diferentes métodos de extração de RNA para pequenas quantidades de tecido vegetal: Efeitos combinados do tipo de reagente e do procedimento de homogeneização no RNA qualidade-integridade e rendimento. *Physiologia Plantarum*, 128(1), 1-7.

Punia, A., Yadav, R., Arora, P. & Chaudhary, A. (2009). Molecular and morphophysiological characterization of superior cluster bean [*Cyamopsis tetragonoloba* L. (Taub.)] variedades. *Journal of Crop Ciência e Biotecnologia,* 12, 143-148.

Ranawake, A. L., Dahanayaka, N., Amarasingha, U. G. S., Rodrigo, W. D. R. J. & Rodrigo, U. T. D. (2011). Efeito do stress hídrico no crescimento e rendimento do feijão mungo (*Vigna radiata* L). *Tropical Agricultural Research and Extension*, 14(4), 76-79.

Reboucas, E. L., Nascimento Costa, J. J., Passos, M. J., Passos, J. R. S., Hurk, R. V. N. & Silva, J. R. V. (2013). PCR em Tempo Real e importância dos genes housekeepings para normalização e quantificação da expressão de mRNA em diferentes tecidos. *Arquivos Brasileiros de Biologia e Tecnologia*, 56(1), 143-154.

Reddy, D. S., Bhatnagar-Mathur, P., Cindhuri, K. S. & Sharma, K. K. (2013). Avaliação e validação de genes de referência para normalização de estudos quantitativos de expressão gênica baseados em PCR em tempo real em amendoim. *PLoS One*, 8(10).

Reddy, T. Y., Reddy, V. R. & Anbumozhi, V. (2003). Physiological responses of groundnut (*Arachis hypogea* L.) to drought stress and its amelioration: a critical review. *Regulação do crescimento das plantas*, 41(1), 75-88.

Ricciardi, L., Polignano, G. B. & De Giovanni, C. (2001). Resposta genotípica do feijão faba ao stress hídrico. *Euphytica*, 118(1), 39-46.

Richardson, A. D., Duigan, S. P. & Berlyn, G. P. (2002). Uma avaliação de métodos não invasivos para estimar o teor de clorofila foliar. *New phytologist*, 153(1), 185-194.

Ririe, K. M., Rasmussen, R. P. & Wittwer, C. T. (1997). Diferenciação de produtos por análise de curvas de fusão de ADN durante a reação em cadeia da polimerase. *Anal Biochemistry,* 245(2), 154-160.

Ritchie, J. T. (1985). Um modelo orientado para o utilizador do balanço hídrico do solo no trigo. Em Wheat Growth and Modelling. *Springer,* Boston, MA, 293-305.

Rodge, A., Jadkar, R., Machewad, G. & Ghatge, P. (2012). Estudos sobre isolamento, propriedades reológicas e análise da diversidade da goma de guar. *Investigação em Biologia Vegetal*, 2(5), 23-31.

Sah, S. K., Kaur, G. & Kaur, A. (2014). Método rápido e confiável de extração de RNA de alta qualidade de diversas plantas. *Jornal Americano de Ciências Vegetais*, 5, 3129-3139.

Sandhu, A. P., Randhawa, G. S. & Dhugga, K. S. (2009). Biossíntese de polissacáridos da matriz da parede celular das plantas. *Molecular Plant,* 2, 840-850.

Sato, S., Nakamura, Y., Kaneko, T., Asamizu, E., Kato, T., Nakao, M. & Fujishiro, T. (2008). Estrutura do genoma da leguminosa, *Lotus japonicus*. *DNA research*, 15(4), 227-239.

Schmittgen, T. D. & Zakrajsek, B. A. (2000). Effect of experimental treatment on housekeeping gene expression: validation by real-time, quantitative RT PCR. *Journal of Biochemical and Biophysical Methods,* 46, 69-81.

Schmutz, J., Cannon, S. B., Schlueter, J., Ma, J., Mitros, T., Nelson, W. & Xu, D. (2010). Sequência do genoma da soja paleopoliplóide. *Nature*, 463(7278), 178.

Seenaiah, R., Madhu Babu, T., Basha, P. A., Srihari, A., Suvarna, J., Sankar Babu, M. V. & Naik, S. T. (2015). Estudos sobre traços morfológicos e fisiológicos na composição mineral em genótipos de feijão de cacho sob estresse hídrico. *Revista Internacional de Ciências Vegetais, Animais e Ambientais,* 5(4), 251-256.

Singh, S. K. & Reddy, K. R. (2011). Regulation of photosynthesis, fluorescence, stomatal conductance and water-use efficiency of cowpea [*Vigna unguiculata* L. (Walp.)] under drought. *Journal of Photochemistry and Photobiology B: Biology*, 105(1), 40-50.

Singla, S., Grover, K., Angadi, S. V., Begna, S. H., Schutte, B. & Van Leeuwen, D. (2016). Crescimento e rendimento de genótipos de guar (*Cyamopsis tetragonoloba* L.) em diferentes datas de plantio nas planícies semi-áridas do sul. *American Journal of Plant Sciences*, 7(8), 1246.

Sinha, P., Singh, V. K., Suryanarayana, V., Krishnamurthy, L., Saxena, R. K. & Varshney, R. K. (2015). Avaliação e validação de genes housekeeping como referência para estudos de expressão gênica em feijão-guandu (*Cajanus cajan*) sob condições de estresse hídrico. *PLoS One,* 10(4), 1-15.

Slama, I., Tayachi, S., Jdey, A., Rouached, A. & Abdelly, C. (2011). Resposta diferencial ao stress por défice hídrico em cultivares de alfafa (*Medicago sativa*): Crescimento, relações hídricas, acumulação de osmólitos e peroxidação lipídica. *Jornal Africano de Biotecnologia*, 10(72), 16250-16259.

Solomon, S., Qin, D., Manning, M., Averyt, K. & Marquis, M. (Eds.). (2007). Climate change 2007-the physical science basis: Contribuição do grupo de trabalho I para o quarto relatório de avaliação do *IPCC* (Vol. 4). *Cambridge University Press*.

Souaze, F., Ntodou-Thome, A., Tran, C. Y., Rostene, W. & Forgez, P. (1996). RT-PCR quantitativo: limites e exatidão. *BioTechniques,* 21, 280-285.

Stephen, R., Sturzenbaum & Peter, K. (2001). Genes de controlo em técnicas de biologia molecular quantitativa. *Bioquímica e Fisiologia*, Parte B, 130, 281- 289.

Suzuki, T., Higgins, P. J. & Crawford, D. R. (2000). Seleção de controlo para quantificação de ARN. *Biotechnique,* 29, 332-337.

Suzuki, Y. (2003). Extração de RNA total de folhas de eucalipto e outras. *Biotechniques*, 34(5), 988-993.

Suzuki, Y., Makino, A. & Mae, T. (2001). Um método eficiente para a extração de RNA de folhas de arroz em diferentes idades usando cloreto de benzilo. *Journal of experimental Botany*, 52(360), 1575-1579.

Tanwar, U. K., Pruthi, V. & Randhawa, G. S. (2017). RNA-Seq de guar [*Cyamopsis tetragonoloba* L. (Taub.)] Folhas: montagem de transcriptoma *de-novo*, anotação funcional e desenvolvimento de recursos genômicos. *Fronteiras em Ciência das Plantas,* 8(91), 1-15.

Terzi, R., Saglam, A., Kutlu, N., Nar, H. & Kadioglu, A. (2010). Impacto do stress da seca do solo na eficiência fotoquímica do fotossistema II e nas actividades das enzimas antioxidantes das cultivares *de Phaseolus vulgaris*. *Turkish Journal of Botany*, 34(1), 1-10.

Torres, E. P., Pardes, C. M., Polanco, V. & Becerra, B. V. (2009). Análise da expressão génica: Uma forma de estudar a tolerância ao stress abiótico em espécies de culturas. *Revista Chilena de Investigação Agrícola*, 69(2), 260-264.

Vadez, V., Rao, S., Kholova, J., Krishnamurthy, L., Kashiwagi, J., Ratnakumar, P. & Basu, P. S. (2008). Investigação de raízes para tolerância à seca em leguminosas: quo vadis. *Journal of Food legumes*, 21(2), 77-85.

Valasek, M. A. & Repa, J. J. (2005). O poder da PCR em tempo real. *Avanços no ensino da fisiologia*, 29(3), 151-159.

Van's Guilder, H. D., Vrana, K., E. & Freeman, W. M. (2008). Vinte e cinco anos de PCR quantitativo para análise da expressão genética. *Bio Techniques,* 44, 619-626.

Vandesompele, J., De, P. K., Pattyn, F., Poppe, B., Van R., De, P. A. & Speleman, I. (2002). Normalização exacta de dados quantitativos de RT-PCR em tempo real através da média geométrica de múltiplos genes de controlo interno. *Genome Boilogy*, 3(7), 1-0034.

Varshney, R. K., Chen, W., Li, Y., Bharti, A. K., Saxena, R. K., Schlueter, J. A. & Farmer, A. D. (2012). Projeto de sequência do genoma do feijão-de-pombo (*Cajanus cajan*), uma cultura de leguminosas órfã de agricultores com poucos recursos. *Nature biotechnology*, 30(1), 83.

Varshney, R. K., Song, C., Saxena, R. K., Azam, S., Yu, S., Sharpe, A. G. & Millan, T. (2013). O rascunho da sequência do genoma do grão-de-bico (*Cicer arietinum*) fornece um recurso para o aprimoramento de caraterísticas. *Nature biotechnology*, 31(3), 240.

Verdejo, G., Die, J. V., Nadal, S., Marin, J. A., Morens, M. T. & Roman, B. (2008). Seleção de genes housekeeping para normalização por análise de PCR de transcriptase reversa em tempo real da expressão do gene *Or-MyB1* no desenvolvimento de *Orobanche ramose. Analytical Biochemistry,* 379, 176-181.

Witter, C. T., Herrmanm, M. G. & Elenitoba-Johnson, K. S. (2001). Ensaios de PCR multiplex em tempo real. *Methods,* 25(4), 430-442.

Wong, M. L. & Medrano, J. F. (2005). Quantificação de m-RNA por PCR em tempo real. *Biotechiniques*, 39, 75-85.

Yao, L-M., Wang, B., Cheng, L-J. & Wu, T-L. (2013). Identificação dos principais genes relacionados com o stress da seca no feijão jacinto. *PLoS One,* 8(3), 1-11.

Yokoyama, S. & Harry, D. E. (1993). Molecular phylogeny and evolutionary rates of alcohol dehydrogenases in vertebrates and plants. *Molecular biology and evolution*, 10(6), 1215-1226.

Young, N. D., Debellé, F., Oldroyd, G. E., Geurts, R., Cannon, S. B., Udvardi, M. K. & Van de Peer, Y. (2011). O genoma *de Medicago* fornece informações sobre a evolução das *simbioses rizobiais*. *Nature*, 480(7378), 520.

Zhang, J. & Davies, W. J. (1987). Aumento da síntese de ABA em pontas de raízes parcialmente desidratadas e transporte de ABA das raízes para as folhas. *Journal of Experimental Botany*, 38(12), 2015-2023.

Zhao, W. L., Siddiq, Z., Fu, P. L., Zhang, J. L. & Cao, K. F. (2017). O número estável de estômatos por comprimento de veia menor indica a coordenação entre o suprimento e a demanda de água da folha em três espécies de leguminosas. *Relatórios científicos*, 7(1), 2211.

Printed by Books on Demand GmbH, Norderstedt / Germany